JN128713

生活文化史選書

香りある樹木と日本人

―木の香りある日々の暮らし―

有岡利幸 著

まえがき

良い香りのある木のことを一般的に香木と言う。香木と言うとふつうの人は、香道で薫物にもちいられる沈香や竜脳、白檀などの木質部分にすぐれた香気のある木のことを連想するので、わが国には香木はないと考えられがちである。

わが国は世界的に見ても樹木の種類の多い地域にあたり、その中には沈香や白檀などとくらべると評価はさがるけれども、花や葉、枝・果実にはつよい香りを持つ樹木が何種類もある。もちろんわが国に渡来して、現在栽培されている樹木も含めての話である。

対象物から五m離れても香る香りは、とくにつよい香りとされている。とくにつよい香りの花を持つ樹木に沈丁花、橘、忍冬、梔子、金木犀、柊などがあり、果実では柚子と花梨があり、葉・枝・幹では月桂樹、山椒、たむしば、肉桂、みずめがある。二mから三m離れて香る香りはつよい香りとされており、このランクの花には梅、通草、橙、野田藤、枳殻、にせあかしあ、金柑などがあり、葉・枝・幹では、油瀝青、楠、黒文字、ユーカリの木などがあり、果実では草木瓜、ポポー、まるめろなどがある。最近では、これらのわが国に生育する樹木の中で、良い香りを強く発散する金木犀、沈丁花、梔子と言う三種類の花のことを日本三大香木との名称で呼ぶようになった。もちろん金木犀も沈丁花も原産地は中国であるが、渡来してから二〇〇年を超え、わが国の地に順応して生育しているので、帰化植物と考えても差支えないだろう。梔子はわが国原産種である。

そんなところから、良い香りのする樹木がわが国の人びとの住と食や民俗とどうかかわってきたのかを探った本書のタイトルに「香りある樹木」と言う言葉を用いたのである。ちょっと背伸びしているが、ご了解ください。

第一章は建築用材と酒造用材についてふれたものである。日本の建築で最も好まれる樹木は、良い香りを発するとともに木材としても優れた性質を持っている桧(ひのき)（檜）である。飛鳥時代から近世まで宮殿や神社仏閣、城の建築材は桧材がつかわれたが、庶民は桧材を使用することはできなかった。桧材は近世までは、支配階級の独占物で、庶民にとっては高嶺の花の建築材料であった。明治になって桧材の使用を制限していた徳川幕府や藩主の存在がなくなり規制が解けた。そのため重石がとれた庶民はタガをはずし、総桧造りの住居を建築して長年の憂さ晴らしをするようになった。木の香りが充満する桧造りの住居は、あたかも森林浴をしているようで、日々の労働で疲れた心身を癒しリラックスさせてくれていた。

また日本酒は、はるかな昔から醸造されてきたが、容器に甕がつかわれていたので、醸造量は少なかった。室町時代に至って米から酒を醸造する容器の桶・樽の製造材料として、わが国特産樹木で大木に育つので幅が広く長い板が容易に作られる杉材がつかわれるようになった。日本酒の醸造の際にも、運搬にも、貯蔵にも良い香りを持っている杉材が用いられたので、日本酒の中にとけこんだ杉香が日本酒の香りとなり、人びとはこの香りを喜んだのである。

ヨーロッパで生み出されたウィスキーは、蒸留したアルコール分を含む液を木製の樽につめて、貯蔵しながら熟成させると言う蒸留酒の一種である。樽材としてヨーロッパではオーク材（なら類の材）がつかわれた。日本では戦後になり北海道産の水楢材がつかわれはじめた。水楢材は長年の貯蔵・熟成の間に、芳醇な独特の味わいを持つウィスキーを生み出していた。いまでは北海道産の水楢材が、世界で最高のウイスキー樽材料と評価されるようになった。

第二章はすし飯と餅菓子を香りのある葉っぱでつつんだ食品についてふれたものである。塩鯖の切り身をのせたすし飯を柿の葉で包んだ柿の葉寿司、油桐(あぶらぎり)の葉で包んだ油桐葉寿司、朴(ほお)の葉で包んだ朴葉(ほおば)寿司が、近畿・中部・北陸地方などで作られ、それぞれ土地の名産品となっている。

餅菓子を葉っぱでつつんだものに椿餅、柏餅、朴葉餅がある。柏餅は柏の木が生育しない地方ではサルトリイバラの葉を代替えとするが名前はそのままで柏餅とよんでいる。桜の葉で包む桜餅にも関東と関西では作り方の違いがある。

第三章は香りのある樹木で作る調理用具の話で、日本料理用の桧板や朴の木板で作られるまな板、食材を蒸気で蒸すと言う方法の調理法につかわれる杉板の四角な蒸篭（せいろ）や、杉の薄い板を曲げた曲物（まげもの）の蒸篭、山椒の木のすりこ木、杉の箸、黒文字の楊枝とその材料や製作方法などについて記している。食材とされる香りのある木の葉として、山椒、臭木（くさぎ）や若芽を食べるウコギ科の樹木についてふれている。

第四章は日本人の精神生活を支えている神と仏に、人びとは香りを持つ樹木をどのようにお供えしてきたのかと言う民俗的な事象を取り上げている。樒（しきみ）は葉に香気を持つ常緑の低木で、仏に香りをお供えするために、日本で選ばれた日本独特の香木である。なお仏とは、修行の末にニルバーナ（涅槃）へ到達し、六道輪廻の輪をとび出した仏教の開祖であるインドのゴータマブッダのことを言う。しかし、わが国では、庶民の死者も死んだ後ではあるが涅槃に到達して欲しいとしてホトケとよんでいるのが現状である。

また森林国のわが国では森羅万象が神になりえると言う精神を持っているので、「神」と称されるものは実に多い。その神は清浄なところでなければ住めないし、一刻たりともとどまることができないと言う特徴を持っており、さらに香木のようなつよい香りを嫌う。そこで神の祭りごとには、香りのない常緑樹の榊（さかき）が神の依代（よりしろ）として選ばれている。榊が冬の寒さのため生育できない地方では、代替えとして常緑樹のヒサカキや冬青（そよご）が神事に用いられる。

香りの木を述べた本の中で、香りのない榊のことを述べることはすこしおかしいと思われるであろうが、神も仏も信仰する日本人の精神生活を知るうえで大事なことであるから、ここにとりあげたのである。

本書はわが国で産する香木と、人々はどう関わり、どのように利用してきたのかについて、探ったものである。生活の中に樹木の香りを採り入れてきた日本人の文化の一端を、本書をめくりながら覗いて頂ければ幸いである。

目次

第一章　木材の香気を生かす建築と酒造り

一　桧の香りと日本建築

和風建築に最も好まれた桧材

樹木が良く生育するわが国では、この列島に渡ってきた人びとからはじまって、建築材料として木材が用いられ、今日でもなお建材として重要な地位をしめている。木造建築でつかう木材は、構造用と造作用、下地材にわけられる。

構造用材は建物自体を安全にささえる骨組みとしての役割をはたすもので、柱、梁、桁などであり、一般に軽くて強く、通直な長い材が得られる針葉樹材をつかうことが多い。柱には通直な桧、杉、栂などの針葉樹材をおおくつかうが、和風建では材の装飾性を同時に重く見るので、木肌の美しい白木（素木）をつかう。このときは強度に重点がおかれるので、木材の持つ香気を考慮にいれることはほとんどない。

家屋の中で湿度が高くなりやすい土台や浴室・台所のような水回りの場所につかう材は、強さに加え腐りにくい材をえらぶ。土台には、桧葉、桧、欅、椎、栗など腐りにくい材をつかい、同時に荷重を支える力のいる大引・根太には桧葉、桧などをつかう。目に見えない箇所である梁、胴差などには、強度がおおきい赤松、桧、落葉松、桧葉、栂などをつかう。

造作材・内装材とは、室内や建物の外周りをふくめて、建物の見栄えを良くする化粧的な働きをし、住む人に健康で快適な生活を約束するための役割をはたすもので、床間、天井板、階段、棚、建具などの材料のことである。これらで建物の内部を仕上げることや、部材の取り付け仕事を造作と言う。床板、長押、敷居、鴨居のような造作につかう材は、強さよりも狂いにくさや装飾的な要素が大切にされる。

下地材は、壁、屋根、床にかくれて目にはふれないが、これらを支えている材（板）のことである。一般に野地板と呼ばれる。

わが国の在来工法（柱を立て桁や梁を横材につかう軸組工法）で建てる和室の多い木造家屋であれば、目にふれる柱などは内装材の役目も果たしていた。わが国の木造住宅建築では、おおいすくないはあるが、同じ部材が構造材と内装材・造作材と言う二つの役割を同時に果たしている。これは木材が幅広い機能を持っている材料だからである。

建築用材を樹種別に見ると、杉は弥生時代から建築用材としてつかわれてきた。通直で、加工しやすく、木目も美しいことから柱や天井板をはじめ、いろいろな部材として重用されてきた。今日では、日本の森林では最もおおく植林されているため蓄積がおおく、一般住宅をはじめ建築用材としてつかわれる量も多い。

桧は古代から建築用材として最もすぐれた材料とされ、日本人が好んでつかう材料である。日本の木造住居建築では、造作材だけでなく、柱のような構造材も素木の材面があらわれるような構造をしているので、強度が大きいうえに鉋で仕上げた材面が美しい桧が最も好まれる。そのほか、美しい木肌と、特有の香気が好まれ、耐水性があることから風呂桶につかわれる。いわゆる桧風呂である。

和風建築で、最も好まれる
桧の植林地。林齢は120年を超えている。
（京都市貴船山国有林）

わが国で住宅一軒を建てるにはどれくらいの木材が必要かを、佐道健著『木のメカニズム』（養賢堂 一九九五年）で見ると、住宅が平屋と二階建てでは違う。また工法や建坪によっても木材使用量は違う。延べ床面積一三〇㎡（三九・四坪）の標準的な住宅に必要な木材は、二〇～二四㎥の量がいるとされている。そのうち七〇～八〇％が柱や梁などの構造材で、のこりが造作材やその下地材である。

また同じ広さの鉄筋コンクリート造りの住宅でも、八～一三㎥の木材がつかわれる。そのうち五～八㎥は、コンクリートの型枠(かたわく)用である。型枠には合板がつかわれることがおおく、数回使用した後には捨てられるため、「使い捨て」と言う批判をうけて問題となることがある。

今日では建築主の自然志向から、無垢(むく)材（貼りあわせなどの加工をしていない木材）を好む傾向にあり、木材の持つ香りが楽しまれることになる。

桧の香りと木造住宅

桧材は白アリを寄せ付けないので、土台としてつかわれる。

これまでは木造建築の材料として、いろいろな樹種があげられ、強さや腐りにくさ、装飾性などが検討されているが、香りについての説明はほとんどない。木造の家にはいって最初に感じるのは木の香りで、ことに新しい家の木の香りは、いかにも日本の家と感じられる。

木には樹種によってそれぞれ特有の香りや匂いがあり、木の香りの成分には人の心に安らぎを与え、ストレスを抑える力がある。ところが人には香りに好みがあり、差がある。好きな匂いは快適な香りで、嫌いな匂いはいやな臭気(しゅうき)となる。

木材には樹種によってさまざまな香りがあるが、木の種類によってほぼ決まっている。香りや匂いのもととなる成分の種類は、数十種類以上におよぶ有機化合物であり、木の種類によって成分の組み合わせや割合が違っている。このうち揮発性(きはっせい)の物質が木の香りの成分で、主として木材や木の葉にふくまれるテルペン類などの精油成分である。

香り成分には木材中の黴や腐朽菌の繁殖をおさえ、白アリをよせつけない働きをするほか、ダニの繁殖を抑制するものもある。たとえば、桧、杉、米杉、米桧葉などの材がダニの繁殖を抑制し、桧、桧葉の材につよい抗菌作用があるのもこれらの香り成分によるものである。

桧板から匂う香りについて記した小説に、山本一力著『梅咲きぬ』（文春文庫　二〇〇七年）がある。江戸深川の料亭江戸屋の四代目女将となる玉枝の少女期から、一人前に成長していく物語で、深川木場で正月に材木商の見栄えで桧の化粧板を立てならべている前を、母秀弥と挨拶まわりで通ったときの場面である。すこし長いが引用する。


元禄の終わりごろから、おおくの材木商が京橋や日本橋材木町から深川に移ってきた。

宝永七年正月の木場では、矢野柾と長谷万の二軒をかしらに、二十七軒の材木商が互いに商いを競い合っていた。

そのどれもが江戸屋の大得意先である。年始回りが木場から始まるのは、それゆえことだった。

「すごくいい香りがする…」

秀弥のわきを歩きながら、玉枝は鼻をひくひくさせた。

「お正月の祝儀板が香っているのです」

玉枝の足を止めさせて、秀弥が通りに並んだ板を指差した。

道幅五間（約九ｍ）の広い通りの両側に、ずらりと材木商が軒を連ねていた。どの店も間口は十間（約一八ｍ）を超える大店である。

それらの材木商が、高さと幅が揃った桧の化粧板を店先に並べていた。高さ十尺(約三ｍ)、幅二尺で厚みが二寸(約六㎝)の桧板だ。通りの両側を合わせれば、およそ五百枚の化粧板が立てられている。節のある板でも、一枚二分(二分の一両)はする値打ち物だ。五百枚合わせれば、二百五十両と言う途方もない大金である。

化粧板を立てかけるのは、材木商の見栄(みえ)だ。五百枚の桧板が発する香りが、町におおいかぶさっていた。

化粧板(けしょういた)とは、表面を鉋削(かんなけず)りして仕上げた板のことで、木造建築では外から見える部分に見栄えを良くするためにもちいる。町中の道の両側に五〇〇枚もの板を並べたら、桧板の香りがぷんぷんとただよっていたであろう。板をすき間なく並べると、三〇〇mもの長さとなる。

日本を代表する宮大工の棟梁(とうりょう)の小川三夫が著書『宮大工と歩く奈良の古寺』（聞書き塩野米松　文春新書　二〇一〇年）の中で、法隆寺の建物はすべて桧だと言う。そして五重塔の桧を「ほんのりと赤みがあり、脂(やに)もおおく、香りもいい木です。建物の修理で、千年前の古材を削りますと、艶を保った木肌が現れ、年代に耐えたいい香りがします」と、一〇〇〇年以上の年月を経ても、桧材は良い香りを保ちつづけていると話している。

桧の産地と材のつかいみち

桧はヒノキ科ヒノキ属の常緑高木で、東北の福島県東南部以南の本州、四国、九州に分布している。台湾には台湾桧が生育している。『日本書紀　巻第一』（坂本太郎・家永三郎・井上光貞・大野晋校注　岩波文庫　一九九四年）の一書（第五）に、素戔嗚尊(すさのをのみこと)は「杉および豫樟(くす)この二つの樹は、以て浮宝(たから)（舟のこと）とすべし。桧は以て端宮(みづのみや)をつくる材(き)にすべし」と言われたと記す。

日本の正史がいまだ神代としているふるい時代から、桧は宮殿の建築用材として最も適した最高の木材であることが知られていたのである。「ひのき」と言う名前の由来には、火をおこす木なので「火の木」だと言う説と、尊く最高のものをあらわす「日」から「日の木」からきていると言う二つの説がある。

桧の大木の天然木の産出はこれまでの過剰な伐採で少なくなっており、長野県木曽谷の国有林、和歌山県の高野山

【各地域のブランド桧】

東南部の東濃地方東濃桧
甲賀市の甲賀ヒノキ
富士山南麓の富士ヒノキ
津山市周辺の美作ヒノキ
東南部地域の京築ヒノキ
天竜川周辺の天竜檜
吉野地方の吉野ヒノキ
尾鷲周辺の尾鷲桧
人吉市の紅取檜
（球磨ヒノキ）
和歌山県全域紀州材
（スギ・ヒノキの区分なし）
伊佐地方の伊佐ヒノキ

金剛峯寺の寺有林、高知県西部の白髪山国有林などである。白髪山は保護林に指定され、枯れた木だけが運び出されるのみである。桧天然木はふるくから高級材としてとりあつかわれており、とくに長野県木曽地方から産出するものは木曽桧・木曽材、あるいは尾州桧とよばれ、最高級材として評価されている。

天然木は減少したので、今日では桧材のほとんどは、戦後に植林された造林木から生産されており、有名な産地としては静岡県の天竜地方、奈良県の吉野地方、三重県の尾鷲地方などがある。近年各地では戦後の桧造林地からの生産に力をいれており、地方名をブランド（銘柄）にした製材品を出荷している。

著名なブランド材は、静岡県富士山南麓の富士ヒノキ、同県天竜川周辺の天竜檜、岐阜県東南部の東濃桧、滋賀県甲賀市の甲賀ヒノキ、三重県尾鷲市周辺の尾鷲檜、奈良県吉野地方の吉野ヒノキ、和歌山県下の紀州材（杉と桧を区別しない）、岡山県津山市周辺の美作ヒノキ、福岡県東南部の京築ヒノキ、熊本県人吉市の紅取檜（球磨ヒノキ）、鹿児島県伊佐地方の伊佐ヒノキなどがある。

桧材は、心材は淡紅色で、辺材はほとんど白色である。木理は通直、年輪はあまりはっきりしていない。肌目は非常に精く、均質な材料が必要な木彫刻などの用途に適している。材質はやや軽軟で、仕上げ面には美しい光沢があり、特有の香気がある。心材の耐朽性は高く、水湿にもよく耐える。

桧はほとんどの用途にたいしてすぐれた性質を持っているため、高品質な材料としてつかわれる。明治初期のころの桧材の用途を農商務省山林局が編纂し明治四五（一九一二）年に発行した『木材の工芸的利用』（大日本山林会刊・復刻林業科学技術振興所）から紹介する。

柱としては心去材ことに四方柾材が尊ばれる。そのほか床廻り、天井廻り、敷居、鴨居、長押、縁板などにつかわれる。

建具の材料として桧材は最良のもので、上等な格子戸、木連格子、舞良戸の框および桟、帯戸、唐戸框、冠木門扉、塀重門扉、障子、中障子、簀戸、美術的組格子、欄間額縁および中組子などに無節、または柾目をもちいる。

桧は杉のような赤身がないので木地の襖縁としては、調和しないので用いない。杢板としても杉のように色および紋理が美しくないので、障子の腰板などに賞用されない。しかしながら、その根杢は天井板とされることがある。桧の生節がある大節板は、節が板から抜け出すことがないため、床板、羽目板、板塀、腰壁などに用いられる。

これらは今日では、一般の人びとが目にすることのない、建具や内装材である。近世における徳川幕府および各藩の領主が実施していた桧の利用規制のタガが明治維新の際の大政奉還と廃藩によってはずれ、裕福な人々が競ってすぐれた材木の桧材をつかうようになったからである。

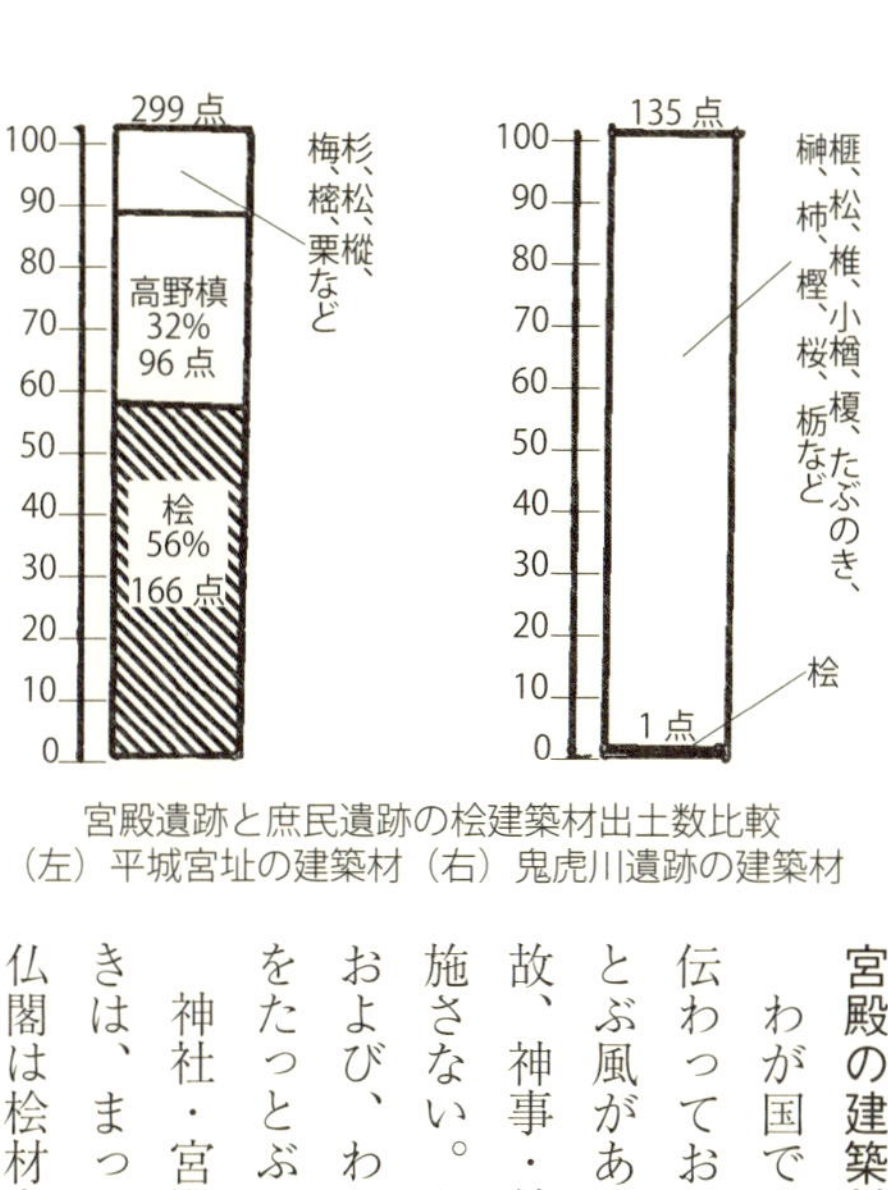

宮殿遺跡と庶民遺跡の桧建築材出土数比較
（左）平城宮址の建築材（右）鬼虎川遺跡の建築材

宮殿の建築材はほとんど桧

わが国では古から死亡を穢れとして殊に忌みきらう遺風はなお今日まで伝わっており、なにごとにも清浄を好む。色彩においても自ら質素をたっとぶ風があり、色の清浄なものは白よりほかにはないとされている。それ故、神事・神祭ではおおく白をもちい、また宮室にも外国のように色彩を施さない。なるべく木地の清浄なものをもちいる。その風は一般庶民にもおよび、わが国の家屋は屋内も屋外も彩色を施さない木地のままで、清浄をたっとぶのが習いとなっている。

神社・宮殿建築のおける桧材の白木の疵のない材面で、組織が平等なときは、まったく神社・宮殿の森厳さを感じさせる。そのため神社・宮殿・仏閣は桧材を建築材料としているのである。また、庭園に建てたり、あるいは室内にかざる宮殿模型、箱宮、丸屋根、千鳥、札箱、荒神箱なども桧材で作るのが法（きまり）とされている。

桧が宮殿用材としてつかわれたことを『万葉集　巻一』の歌番五〇の長歌「藤原宮の役（えだち）の民の作れる歌」で、「田上（たながみ）山の　真木（まき）さく　檜（ひ）のつまでを　もののふの　八十氏川（やそうじがわ）に　玉藻なす　浮べ流せれ（以下略）」と、奈良県橿原市にある藤原京を造営する桧材を、近江国南部の田上山から伐りだし、川運で運ぶ人々の働くありさまを詠んでいる。

島地謙・伊東隆夫編『日本の遺跡出土製品総覧』（雄山閣出版　一九八八年）に収録されている六種類の文献から、平城宮址から出土した建築材（材種は、ほぞのある角材、井戸柱根、井戸枠、柵柱根、礎盤など）を拾いあげた。総点数は二九九点で、そのうち桧は一六六点（五六％）、高野槇（こうやまき）九六点（三二％）で、この二つの樹種で八八％を占めている。のこり一二％の樹種は、杉、二葉松（赤松・黒松のこと）、樅（もみ）、犬槙（いぬまき）、栂、コナラ亜属、樒（しきみ）、椎、令法（りょうぶ）、栗、アカガシ亜属と言う一三種と、その他広葉樹であった。

庶民の家屋ははたして桧材をつかっていたのか、比較するため同書から弥生時代中期から後期の集落されている大阪府東大阪市宝町・弥生町のある鬼虎川（きとらがわ）遺跡の出土品を抜き出してみた。平城京とは時代がすこし前になるが、てごろな遺跡がなかったのでこれで了承して欲しい。

鬼虎川遺跡から出土した柱の総点数は九五点、柱又は杭の総点数は四〇点、合計一三五点であった。樹種は、榧（かや）、二葉松、椎属、小楢、榎、たぶのき、榊（さかき）、桜属、栃、山漆（やまうるし）、柿、柳属、樅、桧、櫟（くぬぎ）、樫類、楠、藪椿（やぶつばき）、博奕木（ばくちのき）、苦木（にがき）、けんぽなし、しゃしゃんぼ、いぼたのき、以上二三種におよんでいる。

この中で、柱・柱又は杭の合計が最も多かったのは樅（もみ）の二六点（一九％）で、ついで櫟類の二五点（一八・五％）、小楢の一六点（一二％）、椎属の一三点（九・六％）この四樹種合計八〇点（五九％）で過半数をこえる。それ以外の樹種はいずれも一桁台の率の出土点数である。平城京の用材としてはほとんど見られなかった広葉樹が多い。一方、宮殿用材として最もおおく使われていた桧は、この遺跡からはわずか一点だけであった。また鬼虎川遺跡で最も多数出土した樅（二六点）は、平城宮址では建物柱根としてわずか二点がつかわれていたにすぎない。

このように比較すれば、おなじ近畿地方での遺跡であるが、宮殿や寺院（奈良時代には寺は官の施設であった）のような特殊な建物と、庶民集落での建物とは利用する樹種に大きな違いが見られるのである。当時の桧が宮殿や寺院などにもっぱら利用されていることが浮かび上がった。まことに『日本書紀』に記されているように、桧は宮殿の建築材であった。

伊勢神宮の式年遷宮の際に心御柱が伐り出された桧の根株。（長野県木曽の赤沢国有林）

伊勢神宮式年遷宮の桧

伊勢神宮とは三重県伊勢市に鎮座されている皇室の宗廟で、いわゆる内宮と外宮と言う二つの正宮と別宮、摂社、末社を合わせて伊勢神宮と総称し、神宮と呼ばれる。伊勢神宮は二〇年ごとに社殿から鳥居まですべて作り替え、旧殿から新殿へと祭神が遷つられる式年遷宮がおこなわれることは、よく知られている。その式年遷宮のとき新宮を造営する木材がすべて桧材である。

中西正幸著『神宮式年遷宮の歴史と祭儀』（国書刊行会 二〇〇七年）からの孫引きであるが、「古来御遷宮木勘文」「御遷宮御材木目録」などによると、内宮は正殿・蕃垣御門・瑞垣御門・東西宝殿・第四御門・荒祭宮・月読宮・風宮・一宮・伊弉諸宮が造りかえられ、これに替木を合わせた桧の本数は一三二三本となる。外宮は正殿・瑞垣御門・蕃垣御門・玉串御門・第四御門・東西宝殿・御供殿・幣帛殿・高宮・上宮・月読宮・風宮が造りかえられ、これに替木を合わせた桧の本数は一三二三本となり、内宮と外宮の合計は二六四六本となる。

　二つの正殿の本数はこれであるが、これとともに別宮、摂社、末社も合わせるので、平田利夫著『木曽路の国有林』（林野弘済会長野支部　一九六七年）によれば、昭和四八（一九七三）年におこなわれた式年遷宮の用材は一万三五八七本で九八二〇m³と言う膨大な量であった。この量は丸太としてのものである。

　つかわれる材の大きさをいくつか事例をあげると、木村政生「神宮式年遷宮」（雑誌『グリーン・パワー』二〇〇八年八月号）の「外宮削立の大木の覚え」によると、

御　柱　　一〇本　長さ二丈四尺（七・二m）　末口径二尺（六〇・六cm）
御棟持柱　二本　長さ三丈三尺（一〇・〇m）　末口径二尺二寸（六六・七cm）
一・二鳥居柱　四本　長さ二丈四尺（七・三m）　末口径一尺六寸三分（四九・四cm）

　このように正殿の柱は大きい木なのである。ここで注意することは、この木の太さが丸太のものではなく、耐久力のおとる辺材部を削りおとしたときの太さであることだ。つまり桧が最も香り立つ心材部分で殿舎も鳥居も作られるのである。

　このような神宮の造営用材を伐りだす山のことを御杣山（みそまやま）と言う。

　御杣山は良質な桧の大木を大量に二〇年ごとの式年遷宮のたびに伐りだすので、広大な地域にわたって立派な桧林が成立しているところでなければ無理なので、たびたび御杣山は移動している。遷宮制度がはじめられた当初は神宮の裏山である現在の宮域林であったが、平安時代には志摩半島の中ほどの桧山に移動し、鎌倉時代になると神宮の北側を東流する宮川流域の桧山へと移っている。

宮川流域の桧山は、神宮に近い下流部から伐採されていき、江戸時代の元禄期には最上流部の大台ケ原直下までも伐りつくしていた。その後は名古屋藩（尾張藩）が領有する長野県木曽地方の木曽山に移り、現在までそこから伐りだされている。

遷宮用材の中で最も重要なものは、心御柱となる御料木（御神木）である。御神木は伐採するにあたっては、この木に坐す神を祭る祭儀がおこなわれる。

御神木の伐採は今日でもチェンソーも鋸も使わず、すべて斧だけで倒される。長い柄の斧をふるってピシリと大木の根元に打ち込んで、樹心部に達する受け口の孔をあけ、その反対側のやや上がわに同じような孔の追い口をあけ、この二つの孔の両側にのこった伐りのこしの追い弦を徐々に切断して倒すのである。鼻緒伐りと呼ばれる。この技術をもった杣夫（伐採夫）が、今日ほとんどいない。

御神木を伐採するとき、斧を打ちこむ伐り口から飛びちる木端は御守りとして、昔から珍重されており、御杣始祭がおわると、皆拾ってかえるので、山には木端一つもなくなってしまう。伐りたての木端は桧の香りが豊かなものだろう。

徳川幕府の桧材節約令

江戸時代つまり徳川幕府治世のころになると、伊勢神宮の式年遷宮をはじめ、江戸城、静岡の駿府城再造営、京都の二条城、大阪の大坂城、名古屋の名古屋城の修築などの巨大建物の造営がおこなわれた。また江戸では大火がしばしはあるなどによって、大量な木材を必要とした。徳川幕府は、大きな建造物を建てるときには、諸藩にたいして「お手伝い」と称して、桧、杉、松、欅をはじめとする諸木の大材の献上を命じた。諸藩は、藩内の山林に大木がある限りは無理にでも調達して、献上していた。

その結果全国的に桧材の減少を見ることになったので、徳川幕府は桧などの乱伐を制止し、寛永一九（一六四二）

年五月「似合わない家造りは今より以後拵えまじく候」（農林省編『日本林制史資料　江戸幕府法令』内閣印刷局内朝陽会　一九三〇年）と、桧家作の制限を命じるなどして、桧材など木材の節約を図った。「不似合いの家作」とは、武士以外の農工商の民が桧材での家を作ることが含まれている。

また寛永二〇年三月には、「庄屋、惣百姓、いまより以後、その身に応じない家作り致すまじく」と、村役人にたいしても、身分不相応の家作りは制限し、桧材をつかわせないようにしている。

江戸では大火がおおく、明暦の大火（明暦三年一月（一六五七年三月））、江戸大火（一六八一年と翌一六八二年）、勅額大火（元禄一一年九月（一六九八年十月））などがあり、たびたびの大火で各藩が江戸表に置いている藩邸が焼失、その後の復旧のため桧材をつかった建築がおこなわれ、桧材の消費に拍車がかかった。ことに明暦以後、貞享、元禄のころは最も甚だしかった。

他の原因もくわわって、江戸に木材を供給していた肥後（熊本県）、土佐（高知県）、阿波（徳島県）、紀伊（和歌山県）、飛騨（岐阜県）、信濃（長野県）などの諸国をはじめ、各地で桧材は払底し、尽山（つきやま）と言われるように、山地にはこれはと言われる幹周り一尺（直径一〇cm）くらいの大きさの樹木も生えていない状態となった。

江戸時代の実質的な首都は徳川将軍のいる江戸であったので、寺院や各藩の藩邸や下屋敷などの建築が盛んにおこなわれ、それぞれが大量の桧材その他をつかった。新築ばかりでなく、しばしば発生する大火では江戸城のような大建築物も焼失するなど、数おおくの建物がうしなわれ、その復興にも武士であるとともに支配者であることの面目にかけて桧材がもちいられた。

天保九（一八三八）年三月一〇日の早朝、江戸城西之丸の台所から出火した火事で、西之丸は全焼した。そこで幕府は、すぐに再建工事にとりかかった。ときの尾張藩主で焼失した西之丸の主の前将軍家斉の子である徳川斉温（なりはる）は進んで、名古屋の白鳥貯木場に貯めている桧材八万本と、不足分は木曽の囲い山の桧立木提供を申しでた。

そのとき木曽山から伐りだされた桧の大材三〇〇本は、長さ三間（五・四m）から九間（一六・二m）、末口の直径一尺八寸（五四・五cm）から三尺六寸（一〇九cm）と言う巨大な材がそろっていた。幕府の役人が年輪を数えて見ると、一〇〇〇年余に見えたと記されている。

天明八（一七八八）年に京都で大火があり、このとき幕府は「このたびの京都大火につき、桧材木の儀、公儀御用のほか売買は一切停止候」との触れを、天皇御料、私領、寺社領、町方にたいしてだしている。この制限の触れは、二年後の寛政二（一七九〇）年にようやく解かれている。

江戸期の諸藩の桧

江戸後期ごろの桧山について帝室林野局編『ひのき分布考』（林野弘済会一九三七年）は、「桧材の用途も一時に加わり、各地の残桧は引続き伐採され、万延の頃国内の過半数は尽山となった」と分析し、昭和初期ごろ天然林と見られるものは、江戸期に伐りのこされたものが大きく生長したものであろうと、考察している。

江戸時代の大名・小名などは幕府からそれぞれの領主の意思による経営が任されている領有地いわゆる藩地が決められていた。用材となる樹木は、それぞれの藩にとって重要な資源であった。藩財政上の収入源であるばかりでなく、城や武士たちの住居、土木用材などとともに、幕府からの上納命令には背くことができなかった。

そのため藩が独占的に利用する樹木を何種類かさだめ、領民が領主の許可なく伐採することを禁止している。制木、御留木、御用木など（以下「御用木」と称する）とよばれている。またほとんどの藩で、領民がどんな木であれ、材木を他藩の人に売ることは禁止されていた。

藩領のおもしろいところは、小さな村であっても領主が二人以上いることもあった。極端な場合は、一枚の田畠を二人の領主が支配していることもあった。

もちろん御用木で武士以外の領民が住居を建てることは、領主の許可が必要であった。もちろん願い出て許可されるものは、大庄屋、庄屋、惣百姓、名主などで、藩の運営に尽力している者に限られていた。御用木は自分の持山であっても、百姓の屋敷内にあっても勝手にすることはならず、みな藩の許可なくては伐採も利用もできなかったのである。

金沢藩（加賀藩）は、「杉、桧、松、栂、栗、漆、欅」と言う七種類を御用木としている。この七木の盗伐がわかると、藩から盗伐者は当然であるが、その者が住む村にたいしてきびしい咎がされた。

和歌山藩では「松、杉、桧、槻、楠、栢」と言う六種類が御用木とされていたが、木の国とも言われる国柄なので、比較的ゆるい規制であった。

秋田藩では広大な山林を留山と札山と言う藩直営の山に指定し、御立山では「杉、桧、桐は申すに及ばず、雑木にても伐り取り申す間敷こと」とされ、もし許可なく伐採した者があれば村全体の責任とされ、罰金が申しわたされた。なお秋田では積雪のため桧は育成しないので、桧葉のことである。また屋敷内に植えた杉、桧であっても願出て許可をうけ、さらに年貢を差し出す必要があった。

高知藩（土佐藩）では「杉、桧（皮とも）、槻（皮とも）、榧、槙（高野槙のこと）、楠」が御用木とされていた。ここも木の国なので、百姓たちの田地にかかわる農業用水施設用であれば、郡奉行の許可があれば貰えることになっていた。

福岡藩では「杉、桧、樅、楠、欅、いすのき」が御用木とされていた。百姓の屋敷内にあっても、これらの木で住居の修繕用とするときは前もって必要な用材を見積もり、御山方役所にそのことを願い出なければならなかった。

明治大正期の日本建築と桧

慶応三（一八六七）年一〇月、第一五代将軍徳川慶喜が大政を奉還したことにより徳川幕府はなくなり、その下にあった藩は解体した。これにより各藩が締めつけていた山林および木材使用に関する規制はすっかり外れ、庶民は好む材料で住居を建設できるようになった。武士や富裕階層のステータスシンボルとなっていた桧造りの住居も、お金さえだせば誰に断る必要もなく、自由につかえるようになった。

そのことを明治四五（一九一二）年出版された山林局編纂『木材の工芸的利用』は、次のように記している。

ヒノキはわが国に於ける建築材中の王にして、宮殿及び神社建築の如きは、所謂（いわゆる）ヒノキ白木造りとなす習慣あり。貴人又は富豪の邸宅の如きも亦主としてヒノキを用ふ。一般建築に於いても其の客間の如き、殊に装飾を要する部分に於いては柱、床廻り、建具諸材料に至るまで、此の木を用ふるを以て最も優れるものとせり。唯々別荘、茶席等にありては、建具を除くのほか此の木を用ふるときは、余り堅苦しくなるを以て賞せられざるのみ。

幕府や藩の規制と言うタガははずれたが、幕藩時代に桧林はほとんど伐りつくしており、建築材料となるような大木は少なく、非常に高価であると言う足かせがあった。

建築学に関する図書も、日本建築ではさまざまな場所に、樹種の特性をいかした使い方をする適材適所の考えで木の材料をつかうことを記している。明治三七（一九〇四）年発行の、三橋四郎著『和洋改良大建築学 上巻』（大倉書店）は次のように記している。

木骨壁に使用する木材は松、杉、桧、栂、欅、栗、塩地などにして、桧、ひば、栗の類は水湿に遇（あ）うも耐久の性を有するを以て、多く土台の如き乾湿交々至る部分に用い、杉、桧、ひば、栂の如きは垂直にして良材を得易きを以て多く柱に使用し、欅、塩地の如きは材質堅硬なるを以て荷持柱に適す。

その他、木骨組は多く杉類を使用し、内外部見え掛りの部分には装飾的に桧、欅を使用することあり。

このように、土台には桧と桧葉、柱には杉と桧と栂、意匠的に見栄えのするところには、桧と欅が適しているとしている。東京の小金井公園の「江戸東京たてもの園」には、幕末から昭和初期の建物が移築保存され、一般公開されている。ここの解説書である東京都江戸東京博物館発行の『江戸東京たてもの博物館』（一九九五年）には、贅（ぜい）をつくした旧高橋邸が説明されている。旧高橋邸とは、日銀総裁や大蔵大臣・内閣総理大臣などを歴任した戦前期の政治家の高橋是清の邸宅で、明治三五（一九〇二）年に竣工している。

二・二六事件の舞台となったことで知られているこの住宅は、入母屋造りの木造二階建てで、総栂普請（そうつが）の建物といわれている。意匠上重要な部分は桧や欅を使用すると言われるように、見栄えの良い高級材料は桧や欅であるが、栂も柾目（まさめ）材は桧につぐ高級材料といわれている。この総栂普請とは、建物全体に用いる主要部材に栂材一種類のみを使用する方法である。

旧高橋邸が総桧造りでないのは残念であるが、紀州の熊野地域では最高の住宅建築とは総桧造りではなく、総栂造りだといわれている。栂はマツ科の常緑針葉樹で、高さは三〇ｍに達する。関東以南の本州、四国、九州に分布し、樅（もみ）とともに林を形成している。栂材は関西方面では建築や建具用材として好まれたとされているが、一般的にはあまり栂材を建築用材としてつかう習慣はなかった。

総桧造りの住宅の一つに山口県防府市多々良の旧毛利家本邸がある。防府市のブログ「防府の文化財　旧毛利家本邸」によると、公爵毛利家の山口の居宅として明治二五（一八九二）年に建てられはじめたが、日清・日露戦争により中断。大正元年に再開し、同五（一九一六）年に完成した。本館は木造二階建て、入母屋の桟瓦葺きで、材木は帝室林野局（皇室領の山林を管理経営する官署）払い下げの木曽桧をはじめ、屋久杉、台湾の欅など、当時の一級品をつかっている。

このほか総桧造り住宅には、山形県米沢市の上杉伯爵邸がある。現在の建物は大正一四（一九二五）年に再建されたもので、総桧造り入母屋一部二階建である。現在は郷土料理の料亭として利用されている。

兵庫県猪名川町上野の静思館（せいしかん）は、江戸時代の豪農の旧富田邸をよみがえらせたもので、茅葺、総桧造りの母屋（おもや）である。現在は猪名川町の文化施設として当時の建具や道具が展示されている。

神奈川県大磯町にあった吉田茂元首相の屋敷は、外国からの賓客（ひんきゃく）を招くため、私費を投じて作った邸宅で、純日本風の総桧造りで建坪三〇〇坪あったといわれている。おしいことに、平成二一（二〇〇九）年に火事で焼失している。

日本建築で見栄えのする場所には桧材をつかう。

富山市の富山県民会館としてつかわれ、国の有形文化財に登録されている建物は、江戸時代末期から代々売薬業を営んでいた金岡家の住宅で、本屋の右側には大正年間（一九一二〜二六年）に建てられた総桧造りの新屋があり、玄関や座敷、中庭まわりなどの意匠に格式を感じさせてくれる。

新潟県新発田市には、江戸時代後期に一七〇〇町歩の田を保有していた市島家の六〇〇坪の邸宅があり、その表門は明治四〇（一九〇七）年に建てられた総桧造りで、堂々とした構えをしており、新潟県指定文化財となっている。

富山県大野郡白川村の合掌造り集落の本通り沿いに、ちょっと目立つトタン屋根の家、奥左ヱ門がある。大正三年に合掌造り住宅の梁や柱をつかって建築された母屋と、増築された総桧造りの漆喰（しっくい）壁の書院座敷からできている。合掌造りではない近代和風様式の建物として、伝統的建造物に指定されている。

桧製の風呂桶

住宅の重要な設備に風呂がある。風呂好きな日本人にとっては、木製の風呂桶はあこがれの存在である。明治四五（一九一二）年発行で山林局編纂『木材の工芸的利用』は、「風呂には箱あり、桶ありといえども、地方にては桶をもちいること多し。小桶は反って都会の湯屋において多く使用せらるるものなり」としている。

同書は、これまで風呂材としてつかわれてきた木は、杉、桧、椹（さわら）、翌桧（あすなろ）、高野槇、榧、室（むろ）の木（ネズミサシのこと）、松のように、水湿につよいものをもちいてきたとする。中でも桧と高野槇を材料としたものを上等とし、これに次ぐものは椹である。榧の風呂は水湿に非常に耐えるが、香気が深いことと、材料がすくないために風呂材としてつかわれることは稀である。桧と椹は長野県木曽地方産出のものが最も良く、高野槇は木曽産と和歌山県高野山に産するものが良い。

桧風呂桶や高野槇風呂桶は、風呂にはいると森の中にいるような香りと、湯船にあふれる優しい肌触りは木の風呂でなくては感じられないものである。木の香りの成分は、アルファビネン、ポルネオールと言う物質で、このほかにも桧には気分を落ちつかせる効果があったり、抗菌効果などを持つ有用な物質がおおくふくまれている。桧風呂や高野槇風呂にはいると、リラックス、リフレッシュ効果や、抗菌効果があるといわれている。高野槇には、薬草のような、ハーブのような、鼻孔をくすぐる独特のすがすがしい香りがあり、それは桧の香りにくらべて控えめであると言う。

家庭での木風呂・桧ふろ、ホテルの客室風呂、旅館の露天風呂など、さまざまな要望がある。最近は自然物に対する要望が高まっており、旅行などで桧風呂などにいれることが、一つのステータスともなりつつある。温泉地の旅館やホテルでは、桧風呂や高野槇風呂があることを宣伝し、良い客筋をねらっての差別化をはかっているところもある。

木の風呂の効用を見ると、まず木の持つ温かみがある。浴槽内のお湯の温度がさがりにくく、また浴槽内の温度が端っこも中央部もほとんど変わらない均質の温度となってることがあげられる。浴槽内温度が均質であることの効用は、寒い時期に入ってみるとその良さが理解できる。また毎日の掃除は、中のお湯を流すだけと言う簡単さである。

平成二九年五月から運行がはじまったJR東日本の豪華寝台列車トランスイートの最上級客室「四季島スウィート」と「デラックスウィート」には、木曽桧材で作られた風呂桶がそなえつけられている。東京オリンピックにむかって急増する外国人観光客のおもてなしにも、「和の伝統を演出できるアイテム」である桧風呂の需要は高まるに違いない。

ついでに一般財団法人日本木材総合情報センターのブログ「木材とその技術」の、木材利用相談Q＆A一〇〇・木の香りの作用から、桧の香りの働きについて紹介する。

ホテルのベランダに据え付けられた桧の風呂桶

桧と桧葉の心材は抗カビ・抗菌作用があり、湿潤状態においてもかびにくく、腐りにくいことが知られている。さらに桧材の木屑（きくず）の中では、ダニが死滅することが確かめられている。桧材油は亜硫酸ガスにたいして、つよい脱臭作用がある。殺虫作用では、桧葉・桧は白アリにたいしてつよい抵抗力を持っている。
人の健康に関連して、マウスに桧・とど松の香りをかがせると、運動量が増加する。また生まれたばかりのマウスを異なる材料の飼育箱に入れて飼育し、生後一五日間の生存率を比べると、木製は八五％、コンクリート製は七％、アルミ製は四一％であったと報告されている。この報告では、木製飼育箱の樹種は不明である。
また、前国立小児病院の飯倉医長が、桧からの精油成分が院内感染で問題視されるＭＲＳＥ（メチシチリン耐性黄色ブドウ球菌）の発育を阻止すると発表し、話題となった。

つよい芳香の楠の木材利用

桧以外で香りを持つ樹木に、楠（または樟）と桂がある。楠は常緑広葉樹で、桂は落葉広葉樹であり、どちらも芳香をはなつ樹木である。

楠の枝や葉には独特の香りがあり、この成分はカンファーと言われるが、実は樟脳の香りである。防虫剤や防腐剤につかわれているので、馴染みになっている方も多い。つよい刺すような香りとされているが、ナフタリン以降の化学物質で作られる防虫剤とは違い、昔の人には郷愁をさそう香りでもある。このカンファーをオランダ語で読むとカンフルとなる。カンフル剤として強心剤としてつかわれていた。現在でも、血行作用や鎮痛作用、消炎作用などにいかして、おもに外用医薬品の成分につかわれている。

楠の木材は、大きな材がとれ市場にでてくることと、材の保存性が高いこと、さらに木理が雄壮なことから、昔から社寺建築の構造材に用いられてきた。

楠の木材は心材と辺材の境目はやや不明瞭で、辺材は灰色から淡黄褐色、心材は黄褐色から紅褐色、ときには暗緑をおびた褐色となっている。また、玉杢その他美しい杢がでるものもある。材にはつよい芳香がある。

楠材の材質は、やや軽軟なものから、中庸程度のものまであって、生育したときの条件によって変化する幅がかなり広い。切削その他の加工はふつう容易である。材面をみがくと、良い光沢がでる。材に精油分をふくんでいるため、水湿によく耐え、その腐朽性や耐虫性はきわめて高い。欠点として、加工のとき逆目をおこしやすく、材の乾燥が難しいので、ゆがみや、ひずみなどで狂いやすいところがある。

和風建築の内装材として、床柱、床板、天井板、棚板、板戸の鏡板のようなものにつかわれるが、とくに建具材としては彫刻された欄間がよく知られている。欄間彫刻は富山県井波が、その産地として著名である。木理のようすから、洋風建築の壁板、ドアのような内装材にもよく適している。

家具や器具材としての用途も多様で、ふるくは和箪笥(わだんす)や長持(ながもち)のような収納家具にもちいられた。箪笥の引き出しの表板につかわれ、総桐箪笥(そうきり)の場合は、引き出しの奥板につかわれると聞いたことがある。板にふくまれている樟脳で、収められている衣服を虫の被害からからまもるためにつかわれると聞いた。

洋家具としては、テーブル、指物(さしもの)、棚物などにつかわれる。

そのほか、仏壇、木魚、各種の彫刻、楽器、盆や木鉢や椀(わん)のようなくりもの、寄木細工、木象嵌(もくぞうがん)、額縁、木型、玩具など、いろいろなものにつかわれる。寺院の法要のときリズムをきざむ法具の木魚は、楠で作られたものは、まろやかでこもった音を発するので最上とされる。

現在では、樟脳のにおいを嫌(きら)う人がふえたため、この香りを消す処理をおこなったものがおおくなっている。

良い香りのする桂の木材と葉

落葉広葉樹の桂は、日本固有種で、北海道から鹿児島県北部までの温帯の山地の谷沿いに生育しており、水平に枝をはると言う樹形をしている。樹高は三〇m、幹の直径は二mくらいになる。成長すると主幹が折れ、株立ちするものが多い。四月から五月ごろ、葉がでるまえに花を咲かせる。春の新芽は赤く、秋には黄葉となる。

「桂」の語源は「香出(かず)から」といわれ、香りがあることからの名前となっている。

方言もたくさんあり、「かもかずら」「しろかつら」「こうのき」「かつらのき」「あかき」「をかつら」「かつらき」「こうのぎ」「おこうのき」などがある。「こうのき」や「こうのぎ」は香の木のことで、「おこうのき」も同じである。

桂の木材はふるくから生活に密着した堅実な有用材としてしられ、利用されてきた。桂の材は、ふつう木理は通直で、節(ふし)その他の欠点はすくない。広葉樹材としてはやや軽軟な方に入り、一般に均質で割裂性(かつれつ)が大きく、切削(せっさく)その他の加工がしやすく、狂いがすくない。

桂材の一般的な用途としては、各種の仏具、俎板、製図版、スケッチ、板ブラシ木地などの器具、和風家具指物、洋家具、仏壇、建築材、木琴、ピアノやオルガンの外囲、漆器板物木地などである。一般的なつかいみちは、机をはじめとした洋家具の引き出しの側板につかわれていた。現在目にするのは、定番の碁盤、将棋盤のほか、彫刻用材、版画板などを見る程度になっている。碁盤も将棋盤も、最も良いものは榧材で、ついで銀杏となり、その次が桂と言う評価であり、庶民的なものといえよう。通常のものの中でも良品なので、いちばんおおくつかわれているものは桂製である。

桂の葉っぱの形は全体的に丸く、基部がややハート型になり、全体的に愛らしい雰囲気を持っている。葉っぱは、その葉が青いうちは匂わないが、葉が地上に落ちてから数時間、芳香を発する。落葉が芳香を放つ唯一の樹木である。

日本三大勅祭は、京都の葵祭と石清水祭、奈良の春日祭で、この三つの祭には天皇の勅使が参向する。葵祭は平安時代初期から続く朝廷の行事で、宮中の祭りであり、賀茂祭ともいわれ賀茂別雷神社（上賀茂神社）と賀茂御祖神社（下賀茂神社）の例祭である。

賀茂祭では祭りの当日、牛車（御所車）、勅使、供奉者の衣冠、牛馬などすべてを葵の葉と桂の葉で飾る。葵は、ウマノスズクサ科の多年草のフタバアオイ（双葉葵）（上賀茂社では二葉葵と書く）のことである。この威儀物とされる葵と桂のことを御葵桂と言う。また「あおいかつら」とも言われる。

つかわれる葵と桂の葉は、それぞれ一万二〇〇〇枚がいると言われる。

祭に葵と桂の葉がつかわれるのは、上賀茂神社の祭神である賀茂別雷大神が現在の社殿のある神山に降臨されたとき、「葵と桂の葉を編んでお祭りせよ。そうすればわたし（神）に逢える」と言い伝えられたのがはじまりとされている。

「葵桂」は、葵の葉と、桂の葉をからませて作る。葵を二連・四連とからませ、飾りつける場所によって小さいもの、大きいものにわけて飾られる。

二　酒造りと香りある樹木

杉で作る酒造用具のはじまり

日本での米を原料とした酒は、記紀の時代から作られていた。中世までは濁酒(にごりざけ)であったが、近世にいたって〝諸白(もろはく)酒＝清酒〟へ発展していた。その発展を支えたのは、仕込み過程でつかわれる用具が甕(かめ)から木桶(きおけ)に変わったことである。酒は一四世紀ごろより、商品としての酒造りが本格的にはじまっており、室町時代には幕府の重要な財源として、恒常的な課税対象とされていた。

柚木学著『酒造経済史の研究』（関西学院大学経済学研究叢書二七　有斐閣　一九九八年）によれば、応仁の乱のあとの京の街が衰退していた時期の、応永三二（一四二五）年と翌三三（一四二六）年に調査された洛中洛外の『酒屋名簿』では三四二軒の造り酒屋が登録されている。酒屋役（酒税）をかける単位となった酒壺(さけつぼ)数は、おおいものは一軒で壺数一二〇、すくないもので一五ほどと言うきわめて零細(れいさい)な規模であった。

京の造り酒屋の酒造り用具は壺で、それを貯蔵する容器は甕であった。それだから一回に仕込む量はかぎられ、数量は大きくてもせいぜい一石（一八〇ℓ）から二石（三六〇ℓ）であった。その代わり甕をたくさんならべて、仕込むことができるので、室町時代の造り酒屋には、二～三石の甕を一〇〇～二一〇もならべているところがすくなくなかったと言う。

この酒造り容器が、甕と壺から杉の板で作られた桶と樽に交代するのは、室町時代中ごろからである。そして一〇石（一八〇〇ℓ）から二〇石（三六〇〇ℓ）もの大量の酒がはいる大きな桶が生まれるようになったのである。

奈良の興福寺の塔頭である多門院の僧英俊らが記した『多門院日記』の、織田信長が活躍している時代の天正一〇（一五八二）年正月三日の条(くだり)には、布屋の一七歳の若尼が灯明をつけようとして一〇石ばかりある酒桶におちて忽死(こつし)した、との記事がでている。安土桃山時代のごく初期には、一〇石入りの大桶が作られていたことが確認できるのである。

大桶が作られるようになったのは、室町時代の中ごろに輸入された鉋の普及がもたらせたものである。桶大工が鉋をつかって大桶を作れるようになり、酒の大量生産が可能となり、酒造業が革命的に発展していくのである。鉋で杉板の合わせる部分をきれいにけずり、竹串で接合しても、崩れやすかった。それに竹の輪をはめて締め付けるのが竹のタガであるが、これも室町時代から始まっている。室町時代に酒造業の技術革新がなされていたのである。

室町時代の樽には、指樽、結樽、角樽と言う三種類の樽があった。指樽の指とは、木の板を差し合わせ組みたてて作った箱、机、箪笥を〝指物〟と言うように、木の板を箱型に作った樽で、これにはじめのうちは黒漆が塗られた酒器で、今日では廃れている。

結樽は、タガをはめて作った杉板製の円筒型の樽で、堅固で上等なものとされて、今日でもつかわれている。京坂（京と大坂のこと）では、一、二、三升、あるいは四、五升のものが酒店の貸し樽としてつかわれた。江戸では五合、一升、二、三升までで、取っ手のついた小さめの樽が酒店の貸し樽に、または売樽としてつかわれた。

角樽は取っ手が角のように長く突き出たもので、柄樽、または柳樽ともよばれ、上が朱色の漆塗り、下が黒の漆塗りのものがおおく、祝儀贈答につかわれ、二樽で一荷とよんだ。今日でもつかわれている樽である。

江戸時代になってようやく運搬用の樽として、四斗樽が作られるようになった。

清酒の香りは杉木の香り

江戸時代には清酒は、すべて杉桶で作られ、そして杉樽で運ばれ、杉樽で売られていたため、清酒はみな桶や樽の材料としてつかわれている杉の香りがついていた。木香と言い、主な成分はセスキテルペン類やセスキテルペンアルコール類と呼ばれる杉の精油成分である。現在の清酒製造と貯蔵ではほとんど木製の容器はつかわれていないので、できあがった清酒には木香のないのがふつうである。さらにそのうえ、今日では清酒は一升瓶を代表とする瓶入りが常識となっており、廉価で大衆向けの容量の大きなものは紙パックがつかわれていることがおおく、木香のない清酒が普及している。しかし、消費者の好みによって樽詰めの清酒としたり、樽詰めのものをガラス瓶などに詰め替えると木香を持つ清酒（樽酒）となる。祝いごとや行事のときには欠かせない樽酒の鏡開きがおこなわれる。おめでたい時、お祝いごとのときには、その傍らには樽に入った清酒があり、樽酒は縁起の良いものとなっている。木香をつける材料は、奈良県吉野地方に産する吉野杉が杉の香りが良いうえに、木目が平均化しているので古くから酒樽としては最高の品質とされている。

清酒は、戦後あたりまではすべて杉材で作られた桶や樽などの容器の中で〝育ち〟〝運ばれ〟〝売られ〟ていたので、ほとんどみな杉樽の香りのするものであった。今日ではガラスの一升瓶に詰められて運ばれ、売られるのが常識となって杉樽の香りはない。さらに杉樽は高価格であるうえ、樽の大量生産ができないことと、醸造した酒を樽が吸って不経済だとの理由で、醸造の酒樽も金属製の琺瑯（ほうろう）引きやステンレス製となって、ますます杉の香りから遠ざかった。

清酒の香りは杉の香りがするものでなければ「清酒とはいえない」と言う、昔からの清酒ファンもいる。清酒作りに、杉がどのような関わりを持っていたのかを見ていく。

農商務省山林局がとりまとめた『木材の工芸的利用』は、明治期には清酒用樽や桶は三〇石（五・四kℓ）の大桶より、一升（一・八ℓ）入りの小樽まで、ことごとく杉材をつかっていると記す。その材料の選択はすこぶる厳重で、ほかにはこの類をみない。

杉の産地としては奈良県の吉野を第一とし、ついで和歌山県の新宮地方、三重県伊勢地方、熊本県などである。熊本県の肥後杉は材質が堅いが、木香がとぼしく、外観もよろしくない。しかしながら材の色はみな揃っており、厚さおよび長さは吉野産に勝る。樽に作ったときの重量があるので、よくつかわれる。

吉野杉とは、今日現在では奈良県吉野郡域の山林に産出する杉材をさしているが、かつては広義の吉野杉とは吉野川流域の山林に産する杉を言い、狭義には川上郷（川上村）に産する杉のことを言っていた。

杉材は建築材につかわれるが、酒造り容器ともされ、杉の木香が清酒の香りとして認知された。

ここで桶と樽はどう違うのかを見ておこう。桶も樽も、細長い板を縦にならべ合わせて、円筒形の側を作り、底をつけて、箍で締めた入れ物である。ここまで同じであるが、桶と樽には根本的な違いがある。器の大小ではない。桶は液体をいれても一時的なもので、液体を長期にわたって貯蔵する器でない。そのため側にもちいる板は、柾目板である。一方の樽は、液体を長期にわたって保存するための器なので、側にもちいる板は板目板である。年輪が何層にも重なっているため、液体が年輪の春材の部分から滲みだして減少すると言うことはない。

灘地方の清酒醸造用桶樽

明治時代に兵庫県の灘地方でつかわれていた清酒醸造用の桶樽には、次頁の表のように大小さまざまなものがあった。材料にはすべて杉がつかわれている。どれほど必要か、桶の大きさからいくつか見てみよう。

仕込み桶は、一定の酛の上にに蒸米、麹、仕込み水を数回にわけて添加し、醪を作る工程でつかわれる桶である。大桶で、三〇石（五・四kℓ）入りのもので、これを「太」と言う。仕込み桶一本には、側として長さ六尺五寸（約一九七cm）で、幅四寸（一二cm）から八寸（二四cm）、厚さ一寸六分（四・八cm）のものを、横に並べた長さ四間（一間を六尺五寸とする）分である。底板は、長さ六尺五寸、幅五寸から八寸、厚さ三寸五分で、一間分である。ただし、底板は芯を上向きにつかう。蓋は、厚さ正味八分で、八尺四方のものが必要である。

囲桶は熟成した醪をしぼった清酒を火入れ（熱殺菌）した後、貯えておく桶である。一五石入りで、これを「細」と言う。

【表】桶の種類と特徴

半切（はんぎり）	用途はすこぶる多い道具であるが、主なものは酛摺（もとすり）である	口径三尺五寸（一〇六㎝）、深さ一尺余（三〇㎝余）
酛摺（もとすり）	酛（もろみを発酵させるもととなるもの、つまり酒母（しゅぼ））を製することである	
酛卸桶（もとおろしおけ）	一に壺代（つぼだい）称し、酛を熟するのにもちいる	容量は一石七、八斗（三〇六～三二四ℓ）
仕込桶（しこみおけ）	一に大桶と称し、もっぱら酛の仕込みにもちいる	口径は六尺五寸（一九七㎝）から七尺五寸（二二七㎝）におよび、底径は六尺（一八〇㎝）から六尺五寸（一九五㎝）におよぶのを常とする
入口桶（いりぐちおけ）	すでに搾った清酒を入れて滓引きをするので、澄桶（すましおけ）の称がある	
滓引桶（おりびきおけ）	すでに滓引きしたものをいれる桶のことを言い、おおむね仕込み桶や入口桶をつかう	
夏囲桶（なつかこいおけ）	火入れの終わった清酒を貯蔵し、夏をすごし秋まで貯蔵する桶のことである。その大桶に入口桶をつかうのは、滓引桶の例のとおりである	
遣桶（やりおけ）	醪（もろみ）の仕込みにつかう桶である	大きさは口径三尺五寸（一〇六㎝）、底径三尺（九一㎝）、深さ三尺（九一㎝）から、口径四尺、底径三尺五寸、深さ三尺七寸まで
水桶（みずおけ）	容量は一定しないが、用途は仕込み水を貯えることなどにある	
漬桶（つけおけ）	酒米を水につける用につかわれ、容積や大小は一定ではない	径はおおむね水桶と同じ 深さは三尺（九一㎝）内外のものが、最も多い
暖気桶（だんきおけ）	熱湯をいれて酛（もと）を温める役目をする その形はふつうの桶より長い	容量は一斗（一八ℓ）内外である
試桶（ためおけ）	手様（てため）と切様（きりため）の別がある 手様（てため）は耳のあるもので、切様（きりため）は水を量るのにつかう	容量は一斗五升（二七ℓ）余
飯為桶（めしためおけ）	蒸した米を運搬する桶	容量は一斗（一八ℓ）余りである
口桶（くちおけ）	樋（ひ）の口につかう小桶である	
狐口桶（きつねくちおけ）	醪（もろみ）を袋にいれるときにつかう小桶である	
担桶（かつぎおけ）	水をいれるもの、渋をいれるもの、酒をいれるものなどがあるが、みな運搬につかうものである	
揚桶（あげおけ）	ひとつに待桶（まちおけ）または小山桶と言い、おおむね三尺桶をつかう そのつかい途は醪（もろみ）を仕込み桶よりうつして、袋にいれるのに便利である	
掻桶（かきおけ）	米を甑（こしき）より移すのにつかう	

囲桶一本には、長さ六尺五寸、幅四寸から八寸、厚さ一寸四分から六分のものが三間分である。底板は、長さ四尺（長さ六尺五寸のものをつかう）、幅四寸から六寸、厚さ二寸六分のものが四尺幅分である。

なお桶の大きさをついでに記すと、酛仕込み（壺代と言う）は二石入り、仕込み手伝い桶（三尺と言う）は六石入り、これらは需要者の好むところによる。

数十種類の桶類は、「杉榑（すぎの厚板のこと）」と言う材料から作られる。この原料は、板目取の鋸による挽材をつかい、小物は柾目取の割材をおおくつかう。

大桶類の中で杉材を最も精選するものは、夏囲桶である。清酒の貯蔵は醸造事業の中で最も大切な一事で、清酒を熟成させるものはこの貯蔵中で、貯蔵中に桶につかっている杉の木香が酒に含まれていくことになる。したがって桶材の良し悪しが直接清酒の品質に影響をおよぼすだけでなく、大いに貯蔵の安全度に関係している。

これをもって囲桶にはなるべく新調したものをつかい、十分な洗浄と消毒の手入れをおこない、火入れした清酒を貯えるのである。灘地方では、新調後三、四年より七、八年間を貯蔵桶の適当期間としている。囲桶として貯蔵目的に不十分になると、これを仕込桶、入口桶、滞引桶などに流用する。

杉材で酒榑、もしくは桶榑と言うときは、すべて囲桶の材料を意味している。

杉材と清酒との関わり

杉材が清酒にさずけあたえる木香は、外国人にとっては臭気だと言ってこれを嫌うけれども、日本人は昔からの習慣でこれを賞味することは人びとのよく知るところである。

明治期に醸造試験所で木香を付けない清酒を発売して世間の評判を調査したとき、「若すぎて新酒の香味が失われている」「香味がたらない」、はたまた「荒し」と言い、大勢の人がみな一致して木香をふくまないのを非難したと言う。そのため当初、杉樽の排斥論者も、そのときは木香の必要性をみとめ、すくなくとも国内の清酒には木香を必要とすると言うようになった。なおまた、杉が清酒の熟成作用に大きく貢献していることは、世の人びとが一般に認めているところである。これにたいしても明治期のおわりごろでは、諸説ふんぷんで定まったものはないと言う。

清酒と木香について秋田修は「清酒の木香様臭」（農林水産省林業試験場編『木材工業ハンドブック』丸善　一九七三年）で、木香についてふれているので紹介する。

仕込み容器として杉桶が、運搬と販売容器として杉樽が使用されていたころは、これら容器の香りが溶出して、清酒に木の香りがついていた。これが桶香りとか、樽香りと呼ばれた香りで、これらの香りが清酒の香りの主体であり、清酒の優劣も、樽香の良し悪しによるところが大きかったときく。

また、付香用の木香油と呼ばれるものを、清酒に添加していた（違法であるが）と言う話もある。

新酒ができたことを知らせる酒屋の軒に下げられた杉林（「酒林」とも言う）

杉樽に清酒をいれると、杉材の色素や成分の溶出とともに、杉材の香りが清酒につき、樽酒特有の木香となる。吉野杉の優良な淡紅色または紅色・赤色を帯びた材の木香は、苦、渋、甘、辛と言う四味を含有していると言われる。独立行政法人酒類総合研究所によると、木香は杉樽の香りに由来し、主な成分はセキステルペンおよびセキステルペンアルコールだと言う。

現在では清酒醸造の容器はホーロー（琺瑯）タンクとなり、運搬容器が以前の木樽からガラス瓶に変わり、清酒の香りは発酵や熟成によって生成される香りが主体となっている。しかし現在でも、樽香のついた樽酒が製品として販売されており、一部の人たちには愛飲されている。

さて明治期のころのことであるが、桶・樽として使用する杉材は一般に材質が緻密で、材から溶解物質をゆっくりと出すものが良かった。木理があらく、もしくは着色の濃厚なものはせっかくの酒が浸透して減少するか、または清酒の色を害するので用いなかった。維新以前は赤稀（あかまれ）を最上品とした。ところが近来、嗜好は一変して香気、風味は淡白なものをおおく望むようになった。

明治期においても、杉香のつよい酒は、やや敬遠されるようになっていた。

それまでの清酒の運搬樽には、清酒の運搬と木香をつけると言う二つの用途があった。清酒を火入れして直接樽詰めにするものを樽物と言い、夏囲桶の中で夏をこして貯蔵したものを秋季になってから樽詰めにするものを冷卸（ひやおろし）と言う。灘地方においては囲桶より木香および風味をとるのを好まなかったので、もっぱら運搬にもちいる樽材より木香および風味をとることとなった。

これは囲桶から木香をとろうとすれば、木香とともに着色が濃厚になり、灘酒の良い客である江戸っ子の趣味にあわないものとなるためであった。したがって樽の素材である「樽丸」は、極上吟味をした。その樽丸をつかって新調した樽で灘酒特有の芳醇（ほうじゅん）を保とうとした。灘以外の土地にあっては木香を囲桶によって取ろうとして新桶をたっとぶとともに、新桶が手に入らないと、木香、屑木香、香水などをもちいる所があると言う。

おおくは空樽を利用し、しかも上等酒でつかったものを重用したのである。

樽にも大樽（四斗樽）、半樽、斗樽、五升樽など、いろいろとあるが、ふつう運搬樽としては大樽をつかう。なぜ四斗樽（七二ℓ入り）かと言うと、江戸時代以前の陸上における物の運搬は馬がつかわれたので、馬一頭が運ぶ量や重さのことを一駄(いちだ)とよんでいた。その一駄とは重さが三〇貫(一一二・五kg)ときめられており、四斗樽を二つ両側に振り分けるのがちょうど良かったためである。

酒樽の材料の吉野の樽丸

俗に「桶・樽は吉野杉」と言われるように、奈良県吉野地方に産する杉は、桶や樽の材料に最適の木材であった。桶や樽に作られる側板の材料を「榑(くれ)」と言う。運びやすいように竹の箍で榑を束ねて、丸くしたことから「樽丸」となった。

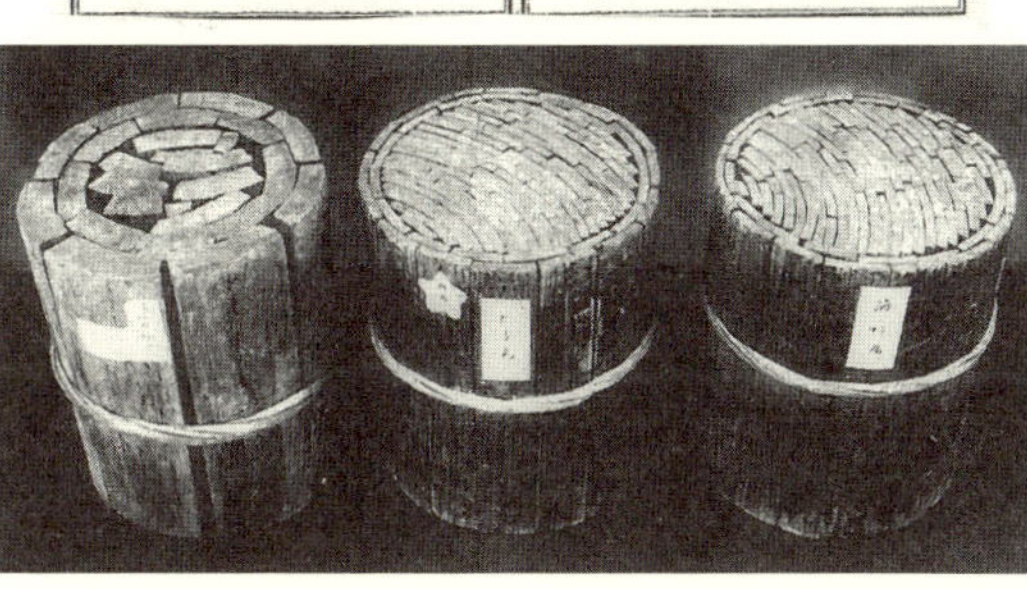

上は酒樽用の杉の側板(「榑(くれ)」と言う)を作る奈良県吉野地方の現地生産の様子。下は、作られた樽丸。
(出典：『吉野林業全書』明治31年刊。近畿中国森林管理局蔵)

樽丸の作り方を、森庄一郎著・発行『挿画吉野林業全書・完』(明治三一年)から紹介する。

吉野地方では酒樽製造用の材とする杉は、樹齢八〇年から一三〇年の杉で、良好な材となる木をえらぶ。中でも一〇〇年生以上のものが、最も適している。一〇〇年生よりも若木だと木渋(きしぶ)がおおく、酒に苦味が付くと言う欠点がある。大きさは目通り周囲四尺(一二〇cm)(直径四〇cm)から八尺(二四〇cm)(直径八〇cm)のものとしているが、その中でも周囲が五尺(一五〇cm)(直径五〇cm)から六尺(一八〇cm)(直径六〇cm)のものを最適としている。一三〇年生以上の樹齢となる杉木にあっては、材価がいちじるしく高額となり、とうてい桶樽材としては引き合わないと言われる。

吉野樽丸の製造がはじまったのは、江戸時代の享保年間（一七一六～三六）に和泉国堺港（現大阪府堺市）の商人某が、芸州（現広島県）から職人をつれてきて、吉野郡鳥住村（現黒滝村鳥住）ではじめて樽丸を製造した。村人がその製造法の伝授をうけ、しだいに吉野川上流域へと拡大していった。明治三〇（一八九七）年当時においては、樽丸の上等品はおおく川上郷（現川上村）から出るものだとされた。

樽丸は樹齢八〇年から一〇〇年の杉木を夏土用中に伐採し、枝葉をおとさず、樹皮だけ剥いで、山地にそのまま静置して三ヶ月間乾燥させておく。丸太の長さを一尺八寸（五四・五㎝）に鋸で切断し、大包丁で木口の中央より二つに割り、その大小をみはからって順次小割りしていく。

この小割りしたものでも、さらに割りと削りと言う仕事がある。割りの人は、割り包丁で木の大小により、幅はすべて三寸（九㎝）より五、六寸、厚さははじめ一寸（三㎝）に割り、後にこれを二つに割る。すなはち一枚の厚さは五分（一・五㎝）にする。これを削りの人が、セン（銑）でけずる。なおセンとは、樽丸をけずる道具で、内側をけずる内センと、外側をけずる外センとがある。できあがった板は、一枚ずつ四角に枠のように積み上げて乾燥させる。

杉丸太を樽丸に割った外側の白いところを木皮と言い、厚みの薄いものは白丸を作り、厚みのあるものは蓋を作る。なお白丸とは、薄い辺材で作る桶材のことで、「白」とも言い、砂糖桶の材料となる。厚みのあるものは蓋丸とも言い、四斗樽の蓋の材料とする。辺材は厚さによって用途がわかれ、厚いものから木皮丸、蓋丸、白丸となる。

樽丸ができると、割った竹材を輪にした箍に、木皮、蓋、底と種類ごとに詰めていく。樽丸は、四斗樽以下の小さな樽を作る材料である。

樽丸用の材を作り出すことが、吉野林業の杉造林技術の最終目的とされていた。吉野の杉材は、伐採されると、そこから人が肩で、木馬、修羅などで川まで運んだ。水量のすくない谷川では丸太一本ずつを管流しして、本流に達す

ると筏に組んで和歌山まで運んだ。樽丸材は、主として筏の上荷として運ばれた。

【表】樽丸の部位

木皮（こわ）	外側のきわめて厚いものは、そのまま木皮丸とする
蓋（ふた）	外側の次の厚いものを持って割る
内稀（うちまれ）	白身と赤身の境目、すなわち外は白く、内は淡紅色のものを最上とする。ただし、色の悪いものは内赤と言い、中等のものである
赤稀（あかまれ）	内稀の次の淡紅色のものを言う。ただし、内稀と赤稀は二つ物と言い、上等の部類になる
書稀（かきまれ）	赤稀の部分であって、色が赤過ぎたものである。柿稀の書の字は、真っ赤な熟柿（じゅくし）の赤を表現したもので、「柿」の当て字である
赤（あか）	一名飛切（とびきり）・紅葉　色悪くかち木理が粗大なものである。ただし、書稀と赤の二種は中等に位する
節（ふし）	材の色にかかわらず節の多いものである
黒（くろ）	木理の疎密をとわず色の黒いもの、すなわち渋木を言う。ただし、節と黒の二種は下等品である

大桶を作る材料の酒樽

酒造者が自分で桶や樽に加工して酒造りにつかったわけではない。まず樽や桶の材料をあつかう問屋の手を経て、樽や桶の製造を専門にする桶樽製造業者の手にわたり、そこで吉野で作られた樽丸や酒樽と言う板は組みたてられた。酒造者はそこから自分が必要とする桶や樽を購入していたのである。

灘の酒が全盛期をむかえた江戸時代後期の文政二（一八一九）年には、東は兵庫県西宮市の武庫川河口から、西は神戸市の旧生田川近傍にいたるおよそ二四kmの沿岸地帯の総称で、西宮郷、今津郷、魚崎郷、御影郷、西郷のことをいわゆる「灘五郷」と称した。造り酒屋を頂点として、幅広い産業が集まっており、桶・樽の製造関係業者が二〇〇軒以上集まっていたと言われる。『木材の工芸的利用』は、明治末期には灘の酒桶樽職人は一五〇〇人いたと記している。仕込み桶のような大型の桶を作る材料は酒樽とよばれ、樹齢八〇年生から一〇〇年生の杉木からとれる上等品から

大阪・四天王寺前の酒屋の店先に宣伝用に積まれた杉木製の樽。下部にへそのような「呑口」が見える。

作る。年輪はまん丸で、年輪幅は揃っており、木の色が淡紅色もしくは紅色か赤色を帯びたものが最良である。色が悪く、または焼け傷などあるものは酒樽には不適当とされる。

「榑」とは、酒桶の側板の材料、つまり板にまで加工された長さ一間もある材のことである。

材のとりかたは樽丸と同じで、白色と赤色との境目（内稀と言う）を最上とし、つぎに赤色で節のないものをつかう。

しかし「榑」の製法は異なり、長期間の保存につかう酒樽の場合は、漏れがおきないように、板を割らずに、鋸で板に挽くのである。

樽の一部は新樽を作ると言うが、とうてい灘・伊丹地方においてもちいるような優良な樽丸の使用は許される酒どころは少なかった。

酒樽作り

『酒造経済史の研究』によれば、酒樽を専門に作る樽職人が樽屋、酒樽屋または樽職で、彼らはいちおう独立した仕事場を持ち、酒造家の支配のもとで、請負のかたちで下職人、奉公人をやとって酒樽を生産していた。酒造家に出入りするのは樽屋の棟梁で、樽の値段は杉の榑木を買い入れて、樽屋はその手間賃を受け取ると言うしくみになっていた。樽屋の手間賃は、文化五（一八〇八）年には食事付きで銀三匁三分（約一二・四g）と定められていた。

樽職人は、下職人と奉公人を雇っていたが、下職人はいわば徒弟で、奉公人はその見習いとみなされていた。それぞれの間に賃金に格差ができていた。摂泉一二郷の酒樽屋仲間の申し合わせによる弘化三（一八四六）年の一人前の職人の賃銀は、たばこ代をふくめて、職人は銀二匁一分、上人は一匁九分、中人は一匁七分、下人は一匁五分とされていた。

桶・樽の製造と言ってもそこには、酒桶樽業、木取業（丸太から板を作り酒桶樽業に供給）、輪竹業（竹で箍を作る）、樽栓業、樽木商、蓋業など、さまざまな数おおくの専門者にわかれていた。吉野杉から作られた樽丸や酒樽が、上方地域の酒造者の需要をすべて満たすことはできなかったので、桶・樽製造者たちは不足分を他の産地の杉材から桶・樽材料を製造して、需要を満たしていたのである。

日本式の桶・樽の組み立てかたを『木材の工芸的利用』から紹介する。同書は、樽と桶は一般に側、底、鏡（蓋）および箍と言う四つの部分からできており、樽とは鏡が固着しているもので、そうでないものをふつう桶と言うとしている。そして桶には蓋が欠けるものがあると言う。つまり簡単に言うと樽は蓋が固定されているもので、桶は蓋がないものと言うことなる。筆者が前に触れた板目材をつかう樽と、柾目材をつかう桶と言う定義が異なっている。酒造業にかかわる特殊用語なのであろうか、究明できていない。

桶・樽の作り方は、次のとおり。

①　鋸挽もしくは割った板を、まず内側になる方を内センで、外側になる方を外センで荒けずりする。つぎに内側部分は内鉋で、外側部分は外鉋で削り、板に丸みをつける。セン（銑）とは、両側に持ち手のついた刃物のことである。

②　板の横の部分を接合するときは、正直台をもちい、側板の端を桶・樽の勾配を計算してけずっていく。正直台は、側板の木端をけずるための台で道具の一種である。桶・樽の勾配とは、上口から下口（底）へのすぼまり具合のことを言う。側板の上木口を木口鉋でけずる。あらためて、側板の側面を桶・樽の丸みと合わせ目の角

③ 度をつけた正直型に合わせてけずる。正直型は作る桶・樽の大きさに合わせて自作する。板と板を、枘と枘孔を合わせて光に透かせ、角度のずれがあるかどうかを試す。板の合わせ目から光が漏れない精度で、角度を合わせる。桶・樽一つ分の側板をならべ、枘と枘孔を合わせてつないで、仮箍にあわせ桶・樽の形に組みあげる。このとき小さな桶・樽の場合は、竹釘用の孔をあけ、竹釘をうっていく。安物のときは米のりをつかう。

④ 桶・樽の中の板を内丸鉋、外側は外丸鉋をかけ、きれいに整える。底を嵌める部分の内側に毛引きで浅い条をつけ、かき入れと言われる小型の鉋で底がはいる溝をつける。蓋をいれる部分も、底と同じような作業で溝を作る。側板の接合は、樽では枘をもちいたものが多い。

⑤ 底は、大桶では底板を一つの平面にくっつけて並べ、所要の大きさの径よりすこし大きめに圏をえがき、圏外の不要なところは鋸などで切りのぞく。

⑥ 次に鉋削りする。板の接合部分は枘を作って組み合わせる。底の外縁部に鉋かけして所要の大きさに整える。樽の底の板は二枚ないしは四枚を継ぎ合わせる。底板も側板と同じように、木材の背を外側とする。

⑦ 酒樽の鏡はおよそ四寸幅の中板を継ぎ合わせる。その一方に口前板、これと反対の側に後前板を継ぎ合わせる。所要の大きさよりも小さなときには、板の側面を接合させて作った幅の広い矧板をつかうことがある。口前板には、酒を注ぎこむ口を作る。

箍はふつう竹で作るが、鉄、銅、真鍮などの金属もつかわれる。ふつうの桶には、針金か鉄箍をつかうことがある。酒樽や醤油樽などにつかわれる大桶の竹箍は、その芯に木材を入れ、輪の外形を保たせると言う。

清酒の船輸送と樽

江戸時代の摂津の伊丹（現兵庫県伊丹市）、池田（現大阪府池田市）、灘地方は、良質の酒米とミネラル豊富な水、それに丹波杜氏の高度な酒造り技術と言う三拍子がそろい、上質な酒を醸造することができた。作られた酒は、大きな人口を擁していた江戸に送ることで客をふやすことが考えだされた。

最初に上方の酒を江戸へ送ったのは伊丹近郊の鴻池新左衛門で、それは馬の背に樽を付けたものであったと伝承されている。鴻池新左衛門が酒樽をのせた馬とともに東海道を歩いているとき、兵庫の船持北風彦太郎が手酒を、持船で回漕したのが、酒を船で江戸へはじめて運んだと伝えられている。

京や大坂では、造り酒屋は自分のところの酒の販売所をそれぞれの都市に持っており、販売所がすなはち上方の酒小売店で、板看板酒屋と言われた。

江戸へ上方の酒を大量におくる手段は船による海上輸送で、はじめは菱垣廻船で木綿や醤油などといっしょに送られていた。享保一五（一七三〇）年からは樽廻船として酒荷だけで送られるようになった。樽廻船は菱垣のない弁才船と呼ばれる和船の一種で、船底を深くして船倉をひろくした。清酒の酒樽のみをあつかったので、積み込みと荷下ろしの手間が少なくて済むので、輸送時間が短縮された。廻船の運航は大坂から江戸まで元禄年間には平均三〇日を要していたが。幕末の時点には平均一〇日間までになったと言われる。

廻船も毎年の新酒のときだけは夜も休まず、特急便で運行した。一つの酒造年度で、最初に江戸へ下る酒荷を積んだ船を新酒番船と言い、西宮・大坂（後には西宮のみ）の港から、鉦や太鼓でおくられ、一斉にスタートし、江戸湾への一番乗りを競った。一番乗りの船乗りは、その年の酒を最も早く江戸市民にとどけたことになり、船乗りとして大変な名誉とされた。

樽廻船で品川沖についた酒樽は、伝馬船に積み替えられ、新川、新堀、茅場町辺りに軒をつらねる酒問屋の蔵にはいった。そこから酒仲買人をつうじて小売り酒店へわたり、店頭で消費者の庶民が買い求めると言うルートになっていた。江戸の酒小売業者は，桝酒屋（ますざけや）といった。『江戸名所図会』の「新川酒問屋」の図には、新川を伝馬船が運んできた酒樽を荷揚げし、川端に設けられた酒倉に入れている様子が、大勢の働く人とともに描かれている。樽は杉板で作られた四斗入りであり、実際には三斗五升がいれられていた。

江戸の港にはいる酒は、幕府による酒造統制期であった元禄一〇（一六九七）年には年間六四万樽、酒造が奨励されるようになった文化文政期（一八〇四～一八二九年）には年間一〇〇万樽と最高を記録している。

酒どころの摂津では江戸での販売に力をいれて、激しい競争が行われていた。江戸時代前期ではやや内陸部にあたる伊丹酒、池田酒がもてはやされた銘柄であった。しかし伊丹や池田は酒倉から川舟で河口まで運ぶと言う一行程が必要であった。

時代が後期になるにつれ、海沿いに立地している灘が、江戸への発送に樽廻船に直接積み込めると言う有利さから、灘酒が江戸の酒に大きな地位をしめるようになった。江戸時代後期に、江戸の下り酒の主流となった灘五郷からは六六万五〇〇〇樽、二二万三〇〇〇石が送られたと言う。酒を表現することばの「灘の生一本」がこのあたりから生まれた。

下り酒と酒樽

喜田川守貞はその著『守貞謾稿　後集巻之一（食類）』（宇佐美英機校訂『近世風俗志（五）（守貞謾稿）』岩波文庫　二〇〇二年）の酒の項で、「伊丹・池田・灘などより江戸に下（くだ）る酒を下り酒という」と説明している。天明期の幕府の命令以前、下り酒の樽数は毎年おおむね八、九〇万樽、天保以来幕府が許可しない遊里はつぶれ、また市中は繁盛していないために費（ついえ）は自然に少なくなり、今は四〇万樽から五〇万樽で、江戸中の飲用とされている。また別に、江戸の近国や近郊で醸す酒を地廻り酒と言い、この数量おおよそ一〇万樽と聞いていると、記している。

江戸へ上方の酒を下したのは伊丹の鴻池新右衛門で、それは鴻池がはじめて作った清酒(すみざけ)で、当時は生諸白(きもろはく)と呼ばれていた。享保一七（一七三二）年に刊行された江戸時代の商品学書と言われる『万金産業袋(ばんきんすぎわいぶくろ)』には、「作りあげた時は、酒の気は甚だ辛く、鼻をはじき、何とやらん苦みの有やうなれども、遥の海路を経て江戸に下れば、万願寺は甘く、稲寺には気あり、鴻池こそは甘からず辛からずなどとて、その下りしままの樽にて飲むに、味ひ格別也。これ四斗樽の内にて、浪にゆられ、塩風にもまれたるゆへ酒の性(しょう)やわらぎ、味ひ異(こと)なる也」と、はじめの造りだては辛く、鼻にツンときて苦く、飲みつらかった伊丹や池田の酒が、船にゆられて江戸に着くと、波にゆられ酒樽の中で柔らかく、丸みのある格別の味になっていたと言うことを記しているのである。なお万願寺、稲寺、鴻池とは酒造者の名であり、酒の銘である。

　上方から江戸まで船に一〇日あまりもゆられ、杉製の樽に詰められた酒は、波にゆられるうちに杉の木香が酒に移っていった。そのころの江戸は、家屋も道具類もほとんどすべてが木製であった。町中に木の香がただよっており、木香のない世界なんて考えもしなかったであろう。だからもともと神事や祭事のとき飲まれるものであった酒が、日常的に飲めるようになっても、酒に樽の材料の杉の木香があるものが美味しく感じられた。何日もゆれて、杉の木香が濃くなったものが、よろこばれた。

　江戸への下り酒は四斗入り（中身は三斗五升）の杉板（樽丸）で作られた酒樽ではこばれ、下り酒といわれ、江戸っ子によろこばれた。江戸にはこばれない酒は、下らない酒といわれ、「くだらない」の語源ともなった。江戸時代のはじめごろは、酒に限らず上方の方が文化、技術にすぐれているものがおおく、それら製品は上方から江戸に入ったので、優れている物や高級品を「下り物」、そうでない地物などを「下らない物」といった。このことから粗悪品やとるに足らない物などをさして「くだらない」と言うようになった。

　酒問屋から小売店についた酒は、どれだけ欲しいと客が買う量を言うと、酒樽下に作られている呑口(のみくち)から、桝(ます)や

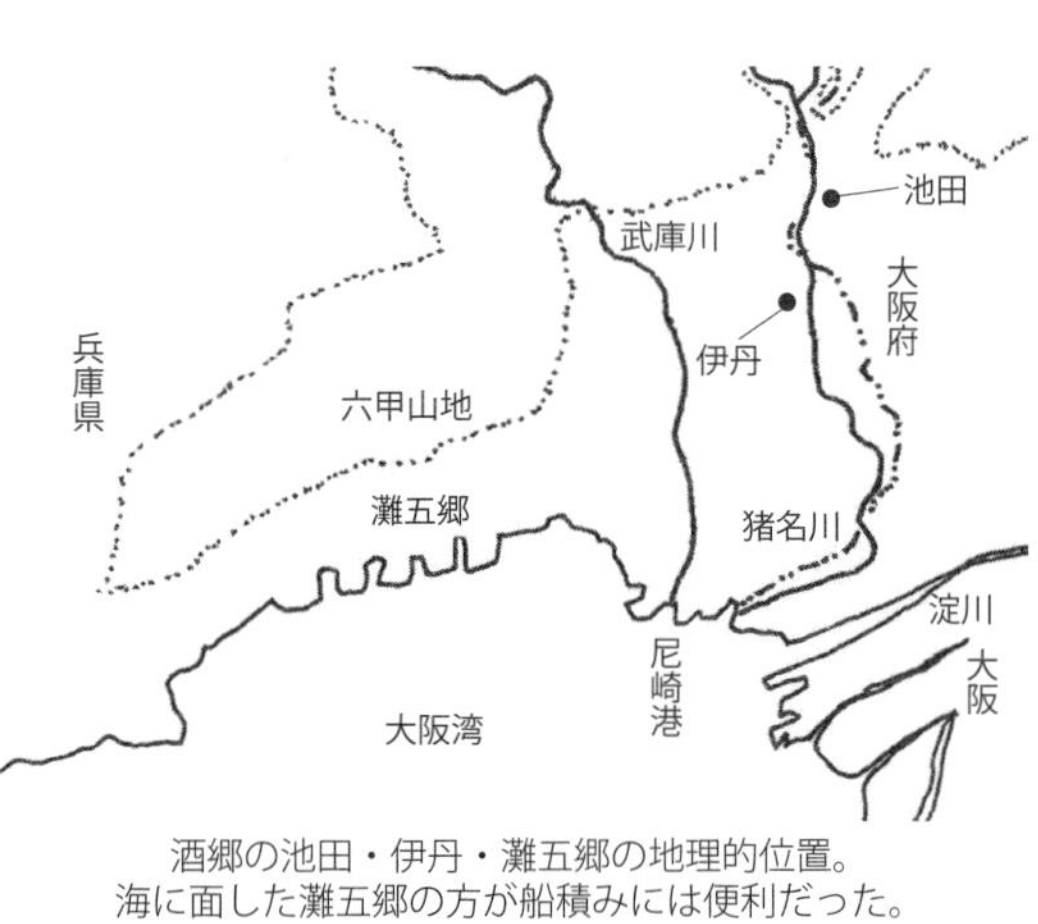

酒郷の池田・伊丹・灘五郷の地理的位置。
海に面した灘五郷の方が船積みには便利だった。

漏斗(ろうと)をつかって、通いトックリに詰めかえて売っていた。

『守貞謾稿』は酒樽からの小分けとして、酒店は貸し樽として京・坂では二、三升あるいは四、五升のいれものとして、樽の左右から把手が突き出した角樽(つのだる)がつかわれた。また、把手のない樽もつかわれた。江戸では、五合、一升、二、三升、四、五升のときは、把手のない小さな樽がつかわれた。

下り酒の江戸での値段を『守貞謾稿』は、文化文政期では上酒は一升が二四八文であった。安政期では一升三〇、四〇、五〇文よりあり、あるいは四〇〇文だと記している。

ウイスキー類の作り方

ウイスキー類と言う言葉は、日本の酒税法による分類からきている。ウイスキー類と言う種類の中に、ウイスキーとブランデーと言う二つの品目の酒がある。ウイスキーとは発芽させた穀類と水を原料として糖化させ、それを発酵させてアルコールを含んだ物の蒸留液を言う。ブランデーは、果実と水を原料として発酵させたアルコール含有物の蒸留液を言う。

これらの酒類は、長期間貯蔵して熟成させてから製品化されるものが多い。貯蔵は木樽で行われるので、複雑な香味を持っているのが特徴とされている。

ウイスキー類の作り方を、『酒類総合研究所情報誌　平成一六年三月　第五号』の「お酒のはなし」から紹介する。

ウイスキーには麦芽(ばくが)から作るモルトウイスキーと、トウモロコシなどの穀類から作るグレンウイスキーの二種類がある。これらを単独またはブレンデッドして製品化している。麦芽とは大麦の種子を発芽させたもので、ウイスキー、ビール、水飴の原料となる。大麦の芽がほんのわずか出たばかりのものは、スピッツ発芽と言い、デンプンの分解力が最もつよい。

モルトウイスキーは二条大麦を、十分に水を吸収させ、床に広げ、適度な温度と湿度を保つと発根と発芽がはじまる。発芽がすすむと胚乳（はいにゅう）の養分を分解する酵素ができる。その後、ピート（泥炭）と燃料を燃やし麦芽を乾燥させ、芽の生長をとめる。これを粉砕し糖化槽に入れ糖化し、発酵タンクに移し酵母を添加して発酵させる。発酵が終わったもろみを蒸留器で蒸留する。日本のウイスキーは、スコッチ・ウイスキーと同じく二回蒸留する。

グレンウイスキーはトウモロコシなどの穀類に麦芽を一〇％程度加えて発酵させ、発酵が終了すると、もろみを蒸留器で蒸留する。

ブランデーには、ブドウから造るグレープブランデーと、ブドウ以外の果物から造るフルーツブランデーの二種類がある。一般にブランデーと言うと、グレープブランデーをさす。

代表的なブランデーであるフランスのコニャックの作り方を見る。ブドウは収穫後ただちに圧搾機で果皮や種子をつぶさないように、果汁をしぼる。その後果汁を発酵させると、ブドウの果肉の糖分がすくないため、アルコール分八％の白ワインができる。

これを単式蒸留器で二回蒸留する。蒸留後、おもに地元の森に生育しているオーク材で作った新樽に貯蔵して熟成させる。

ウイスキー類の樽貯蔵から熟成へ

ウイスキーやブランデーは、蒸留後すぐにオーク樽に入れて貯蔵・熟成させる。樽の中では、つぎのような複雑な反応がすすんで、深い香りと味わいが培(つちか)われていく。この熟成のメカニズムは現在にいたるまで科学的に解明されていない部分がおおく、神秘的なところが残っている。

① 樽からの木材成分の溶出：貯蔵中に樽材からタンニンや芳香性化合物が抽出される。

② 樽からの揮散(きさん)・消失：樽からは貯蔵中に毎年二〜四％のウイスキーやブランデーが揮散して消失している。これを「天使の分け前（エンジェル・シェア）」と詩的によんでいる。

③ 樽を通しての酸素との接触：樽材を通して行われる酸素との接触によって、ゆっくりと酸化がすすんでいき、香りの変化が生じる。

④ 香気成分の生成：新酒に含まれている各種アルコールや脂肪酸といった成分が化学反応をおこし、脂肪酸エステルなどの甘く華やかな香気成分に変化する。

②の「揮散」とは、常温で蒸発する性質（揮発性）を持つ成分が気化して大気中に拡散し、散逸(さんいつ)する現象を言う。これによって失われる物質の量を、揮発減量と言う。

ウイスキーやブランデーの貯蔵・熟成樽はオーク材で作られている。オークとは高級家具材としてもつかわれるブナ科の落葉広葉樹である。一般的にウイスキー類の樽のことを「カシ樽」とよんでいるが、カシ（樫）は常緑広葉樹なので正確ではない。オークを日本語訳にするとナラ（楢）となる。

ウイスキー類の貯蔵・熟成に樽がつかわれるようになったいきさつを、早川雅巳は雑誌『日本醸造協会誌　第一〇四巻第九号』（日本醸造協会二〇〇九年）の「オークと樽の関係」で、樽は、はじめ貯蔵容器であり運搬容器であったものが、長期間貯蔵していると中で熟成していたことが発見され、樽による熟成効果があることが確認されたことを述べている。

木樽はフランス北部のゴール人の発明だと言われているが、酒と結び付けたのはローマ人で、ガリア遠征のときゴールの木樽を持ちかえり、ワインの貯蔵・運搬につかうようになってからだと言う。ガリア遠征とは、紀元前五八年から紀元前五一年に共和制ローマのガリア地区の総督カサエルが、ガリア（現フランス・ベルギー・スイスなど）に遠征し、その全域を征服した一連の戦争のことである。

それ以前、ギリシャやローマでは山羊（やぎ）の皮袋をつかっていたが、未熟なワインが皮袋の中で発酵して破裂した。アンフォラは持ち運ぶ途中に落とされて割れた。アンフォラは陶器の器の一種で、二つの持ち手と、胴体からすぼまって長くのびる口を持つ。紀元前一五世紀ごろにあらわれ、中近東、古代ギリシア、ローマなど、古代世界に広まっていた。

木樽はそれらの悩みを解決し、同時に長距離輸送を可能にし、ヨーロッパの広い地域にワイン文化を広めた。

一五世紀はじめアランビック（蒸留器）が登場し、スピリッツ（蒸留酒）やアルコール強化ワインは樽詰めされ、船にゆられて海を渡った。ある日物陰に忘れられた樽をあけたところ、中身が素晴らしい芳香、澄んだ色、まろやかな味を持つ美酒に変わっていた。船のバラストとして船底に積んだ酒が赤道をなんども通過し、そのおかげで美味しくなった。バラストは貨物船などが空船で航海するとき、喫水（きっすい）を深くし、船を安定させるための搭載物のことである。

その評判からわざわざインドまでの航海を往復させた酒がロンドンでプレミアムが付き、二〇倍にも高く売れたなどの話がのこっている。

世界の酒造業界で「熟成効果」が確認され、積極的に樽が熟成容器となるのは、比較的最近のことで、やっと一九世紀に入ってからだと早川雅巳は考えている。ウイスキー類などの蒸留酒は、樽が品質を決定する最も重要な要素として、膨大に資金が投入され、大量の原酒が寝かされ、熟成されてきた。

しかし、酒類の運搬はガラス瓶、ステンレスタンクなど、他の容器の発明発達で木樽がつかわれなくなり、木樽は蒸留酒を熟成させながらの貯蔵と言う用途にかぎられるようなった。

蒸留酒の貯蔵・熟成とオーク

ヨーロッパの木樽の樹種は三世紀にはすべてオーク材となっており、それ以前はブナや栗材がつかわれていた。ヨーロッパ独特の形である左右対称で、両端がしぼられた樽は、液体の運搬（後には長期貯蔵も）と言う限られた使い方から工夫され、発明されたものであろうと考えられている。

樽の材料は、樽の内部を加工する必要もなく、防水性があり、耐久性にもすぐれたオークが選ばれ、ワインとウイスキー類の蒸留酒の樽はオーク材となっている。オークが選ばれた理由に、早川雅巳はつぎの六点をかかげている。

①　液体の貯蔵、運搬容器として防水性、耐久性があること。
②　容器として適当な大きさが得られること。
③　樽の形（両端を切り落とした回転楕円体）に成型、維持ができること。
④　漏れないが適度の浸透性があること。
⑤　含まれる成分が貯蔵される酒の味、香り、舌ざわり、色に貢献すること。
⑥　樽の材料が豊富に入手が可能なこと。

ワインや蒸留酒の貯蔵・熟成のための木樽の材料としたオークが選ばれた条件の中の一つとして、貯蔵中に酒に香りをつけると言う効果も考えられていたのである。

ヨーロッパのオークにはケルカス・ロブールとケルカス・ペトラエアがある。ロブールは肥沃な土壌、豊富な水分を好み、早く大きく育つ。一方のペトラエアは乾燥、やせた土壌（砂地などは理想的）にも耐え、森林を形成してゆっくりと育ち、均等でち密な木目を持っている。両者は自然交配し、雑種がうまれて、土壌や環境に順応している。

オークを樽にするには柾目の割り材がつかわれる。柾目の割材は歩留まりが悪く、一本のオークからとれるのは、二二五ℓ容量のワイン樽が二本と、底板三枚といわれている。

ヨーロッパオークの中では、フランスオークの品質が他国よりすぐれ、商業的にも価値が高く評価されている。フランスのオーク林は約二五〇万ha（青森県と岩手県の合計面積）を占めている。フランスの樽用オークは、国土面積の一五％を管理するフランス国立森林公社と、国土の一〇％にあたる私有林から供給されている。

ヨーロッパで木樽材料のオークを産する国はフランスのほかに、現在ではセルビア、ボスニア、クロアチアから、スラポニアンオークとして樽材が流通している。地域差はあるが、一般的な特徴はアメリカンオークとフランスオークの中間的といわれ、価格はフランスオークの二〇～三〇％割安である。

いま注目されている地域にハンガリーがある。北部のトカイ地方のなだらかな山地に産し、木目は細かく、タンニンは柔らかで、温かいスパイス、シナモン、ナツメグ、クローブの香りがある高品質の樽材と評価されている。フランスのオークが不足する穴を埋める一つと考えられている。

ウイスキー類の蒸留酒を貯蔵する樽は、内部を焼く（熱処理）することで、その個性を引き出すことができる。そして焼きに応じて、酒に与える効果（美味しさ）が異なってくると言う。焼きをいれることで、木質部分の溶出が促進され、熟成効果を高める。焼き（熱処理）には、強火で内部を炭化させるチャーリンと、弱火でゆっくりと加熱して内面を焦がしていくトースティングと言う二つの方法がある。

日本のオーク材、水楢（みずなら）の蒸留酒用樽

日本で作られるウイスキーの貯蔵樽について、「ウイスキーの貯蔵に使用する樽の樹種」をサントリーのお客様センターに問い合わせると、「樽材に日本産オーク（水楢）を使用」しているとの回答であった。そして「長期熟成により、

伽羅（きゃら）の香りとも白檀（びゃくだん）の香りともたとえられる、独特の熟成香を身につける。水楢樽は、オリエンタルなウイスキーを育む、日本ならではの貯蔵樽」と言う。

水楢はブナ科コナラ属の高木の落葉広葉樹で、東アジアの温帯林を代表する樹種の一つである。水楢は別名オオナラと呼ばれ、漢字表記では水楢とかかれる。水楢は高さ三〇m、直径二mにも達する大木に成長し、サハリンから北海道、本州、四国、九州まで分布している。本州中部以南では標高一〇〇〇以上のところに出現する。

独立行政法人北海道立総合研究機構森林研究部林業試験場の道産木材データベースによると、水楢は北海道が日本の代表的な産地となっている。北海道のほぼ全域に分布し、低地から亜寒帯性針葉樹が優占する山岳地帯まで広範囲に生育している。北海道の楢類の蓄積は、広葉樹ではカンバについでおおく、広葉樹の約一五％、総蓄積の七％弱の五〇〇〇万㎥とされている。

水楢の木材としての性質は、心材は淡褐色、辺材は淡黄色で、産地・生育条件などにより、濃淡に微妙な差がある。心材と辺材の区別はしやすい。年輪のさかいに大きな導管が並んでいる環孔材（かんこうざい）で、年輪がはっきりしている。材質は重硬で強度は大きいが、主に年輪幅により大きく変動し、成長が良いと木材の比重がより高く重くなる。

水楢材の主な用途は、木目が好まれ洋風家具材として重用される。フローリング、壁材などの建築材、ドア、窓枠などの造作材、器具材、お盆などの生活用具材、インテリア材、洋酒樽材、木炭材、椎茸のほだ木など、用途は広い。北海道産の水楢材は、世界の楢類の中では加工がしやすく、見栄えもするとされ、過去には欧米へインチ材として盛んに輸出された。世界的な銘木の一つと評価されている。

サントリーのウイスキー樽に水楢材がつかわれるようになった経緯を、サントリーのブログ「山崎の春　シングルモルトウイスキー山崎」によると、昭和一六（一九四一）年にはじまった太平洋戦争の戦中から戦後にかけて、ウイスキー貯蔵に必要なシェリー樽などの輸入が困難になった。国内のさまざまなオーク材から、貯蔵に適したものをさがし求め、その中で選んだのが、北海道が主産地のオークの一種水楢であった。

水楢は高級家具材につかわれていたものの、貯蔵樽としては材質的なことから原酒が漏れやすく、材の選別、製樽作業は苦労の連続であった。当初は木香が強すぎ、水楢樽の原酒はブレンダーから必ずしも高い評価を得ていなかった。しかし、ここであきらめなかった職人たちの苦労が報われたかのように、一つの奇跡がおこった。新樽では強すぎた木香が面白いことに、二回、三回と繰り返し使っていると、独特の味わいの原酒となり、白檀や伽羅を思わせる香味が生まれたのである。

水楢の葉。
北海道産の水楢材は日本でのウイスキー貯蔵樽に重用される。

数十年の時を経て、今では海外のブレンダーやウイスキー通からも高い評価を得ている。水楢は現在ウイスキーの世界では、〝ジャパニーズオーク〟と呼ばれ、〝ジャパニーズウイスキー〟が持つ独特の香味や特徴を語るとき、一つの象徴となっている。水楢樽で二〇年超の長期熟成を経たウイスキー原酒は、古式ゆかしい由緒正しい木造建築の中で、お香をたきしめたような印象、と評価する人もいる。

平成三〇年二月一六日付け朝日新聞は、「富山よ香れ　ウィスキー樽」との見出しで、北陸でただ一ヶ所ウイスキー蒸留所を運営する富山県砺波市の若鶴酒造が、同県南砺市の木材業者の島田木材とともに、富山県産の水楢をつかったウイスキー熟成用樽の開発をすすめていることを報道している。

それによれば、若鶴酒造の取締役でウイスキー蒸留所担当の稲垣貴彦さん（三〇歳）は、「ウイスキーは樽が七割」と考え、地域の特色を生かしたウイスキーを模索していた。その中で富山県内にもおおく生育している水楢を樽材に活用することを思いつき、島田木材の常務・島田優平さん（四〇歳）に声をかけた。

島田さんによると、富山県内の水楢材の用途は、これまで薪や木炭のみで、現在もそれ以外になく、需要がすくない。山林は放置状態で、ナラ枯れなどの病虫害が問題視されている。島田さんは水楢材を貯蔵樽用材として開発することで、「山林の循環を再生するきっかけとしたい」と考えている。

若鶴酒造と島田木材は、二月中にも県外の樽製造業者に職人を派遣し、製造方法を取得させ、今年は貯蔵樽を二〇個作ることにしている。稲垣さんは「同じ木でも産地で特徴がちがう。富山でしか出せない味のウイスキーになってくれる」と期待している。

第二章　香る木の葉でつつむ寿司と餅菓子

一 香りの良い葉っぱでつつんだ寿司

いろいろな寿司

すし（寿司）とは、日本人が主食としている米の飯と、魚介類を組み合わせた日本料理の名称である。「すし」には、〝寿司〟〝鮨〟〝鮓〟の字がつかわれる。このうち寿司は、「すし」と言う料理名の音をもちいた当て字で「寿（ことぶき）を司（つかさど）る」と言う意味にしてしまい、縁起の良いもの、祝の席で食べるものと言う意味となっている。寿司と言う表記は、京都で朝廷へ献上することを考慮してつかわれるようになった。鮨は本来は別の魚料理である「つけうお」のことであり、鮓は「うおびしお」のことを言っていた。なお、「つけうお」とは生魚の切り身を酒粕や味噌などに漬けたもので、「うおびしお」は魚を塩漬けにして重石（おもし）をかけできた汁を漉（こ）したもので魚醤（ぎょしょう）とも言う。

「すし」は東西で表記する字が違っており、江戸では「鮨」が、大坂では「鮓」の字がつかわれた。平安時代初期の文献の『延喜式』では、年魚鮓（あゆずし）、阿米魚鮓（あめのうおずし）のように、「鮓」がつかわれている。

寿司を作り方で大別すると、すし飯と生鮮魚介をもちいた早鮨（はやずし）と、魚介類を飯と塩で乳酸発酵させた馴鮨（なれずし）がある。馴鮨は魚と飯をまぜて桶にいれ、長期間保存することで乳酸菌の作用で発酵させたもので、飯の原形がのこっていないことが多い。塩辛（しおから）に近い保存食で、それだけを食事としてもちいるものではない。滋賀県の鮒鮓（ふなずし）や和歌山県の鮎鮓（あゆずし）、秋田県のハタハタ寿司などがある。

日本各地にはそれぞれの地域で特色がある寿司が作られており、その種類はさまざまである。そして作り食べられる地域は、それぞれの地域以外ではほんど見かけられないと言う特色がある。言うなれば〇〇寿司文化圏とでもいえようか。

地方ごとに作られ食べられる寿司の代表的なものをかかげると、千葉県銚子市および大阪府の郷土料理は伊達巻（だてまき）寿司、千葉県全域で作られる太巻き祭寿司、東京都伊豆諸島と小笠原諸島及び沖縄県大東諸島の郷土料理である島寿司、長野県佐久地方の鮒寿司、奈良県と熊野地方（和歌山県・三重県）の郷土料理のめはり寿司、福井県若狭地方や京都・大阪、山陰地方および岡山県新見市の郷土料理の鯖寿司がある。

　地方寿司の一種に、良い香りのする樹木の葉っぱですし飯を包み込んだものに、柿の葉っぱをつかった柿の葉寿司、朴の木の葉っぱをつかった朴葉寿司、油桐の葉っぱをつかった油桐菜寿司（単に葉寿司とも言う）がある。このほかすし飯を包むものに、アカメカシワ（赤芽柏）、桑、葡萄の葉っぱがある。

柿の葉寿司

　柿の葉寿司は、一口大のすし飯に鯖や鮭などの切り身をあわせ、柿の葉でつつんで押しをかけた寿司である。つつんである柿の葉をはがして食べるが、ふつう柿の葉は食べない。場所によっては、昆布を巻いてから柿の葉でつつむところもある。

　柿の葉寿司は、奈良県と和歌山県、石川県、鳥取県智頭地方の郷土料理となっている。柿の葉寿司は作り方とできた形によって奈良・和歌山県型、石川県型、鳥取県型と言う三つに分けられる。すし飯に合わせる魚の種類は、奈良・和歌山県では鯖、穴子、椎茸であり、石川県では鰤、鳥取県では鱒を、それぞれ地域特有の材料（ネタ）としている。

　奈良・和歌山県の柿の葉寿司は江戸時代に、柿がたくさん植えられ柿の産地として知られている紀の川上流域に当たる奈良県吉野地方で生まれたとされている。インターネットのジャパンウェブマガジンによると、柿の葉寿司の歴史には諸説があるが、その言い伝えの一つは江戸時代の中ごろにさかのぼる。

　高い年貢に苦しんでいた紀州（和歌山県）の漁師が、年貢として納めるお金をねん出するため、熊野灘でとれた鯖を塩でしめ、山をこえて吉野の村に売りに行ったところ、ちょうど村々は夏祭りの季節であった。海の魚がなかなか手

【柿の葉寿司が郷土料理となっている地方の概略図】

に入らない山村の人はたいへん喜んだ。それ以来、夏祭りのごちそうとして扱われるようになったのだとされている。同じくネットの日本の食べ物用語辞典には、柿の葉寿司の成り立ちとして、やがて鯖をご飯の上に乗せ、柿の葉でつつむような形となり、夏祭りの時に客をもてなす寿司としてふるまわれるようになったとしている。

柿の葉寿司は、すし飯の上に鯖や鮭の切り身をのせ、和歌山県野紀の川流域や奈良県の吉野川流域で盛んに栽培されている柿の葉でつつみ、押しをかけた寿司である。伝統的に夏から秋にかけての祭のときに作られ、食べられてきた「家庭の味」の寿司で、この地方での代表的な郷土の味覚となっている。

殺菌作用のある柿の葉でつつまれた柿の葉寿司は、通常の寿司よりも長く保存できるので、遠来の客にも愛されるようになった。江戸期には熊野からはるばると日数をかけて運ばれるうちに、塩でしめた鯖の旨味がひきだされ、吉野地方名産の柿の葉ですし飯と一緒につつむことで塩鯖の臭いも消され、良い香りのする寿司になったので、いつしかその美味しさは広く知られるようになった。今にいたるまでも柿の葉寿司の旬は夏であるが、柿の葉を漬けて保存されるようになり、今日ではほぼ一年を通して奈良県吉野地方をはじめとして、各地域の道の駅やレストランなどで販売されるようなっている。

柿の葉寿司をつつむ柿の葉は、ビタミンCをはじめタンニン、ルチン、グルコサイド、クエルセチンなどを含み、血圧安定や高血圧予防などの効能があるとされる薬草である。古くから殺菌作用があることが知られている。お茶として、また食品をつつむのに使われてきた。

江戸時代の冷蔵庫や保冷剤もないため、食品があまり長くは保存がきかない時代から、柿の葉は笹や竹の皮などと同じように、少しでも食品を長持ちさせるために、農作業や旅にでるときにはご飯などをつつんでいた。また柿の葉は、つつんだ食品の乾燥を防ぐラップのような役目もはたしていた。さらに柿の葉は香りが豊かであるため、つつんだ食品に柿の葉の香りが移ると言う効果もあった。柿の葉寿司は、保存がきき、見た目も美しいうえ、持ち運びや携帯がしやすく、中身の寿司の香りが豊かであると言う、まさに先人の知恵と工夫が感じられる伝統的な食品である。

吉野川流域の柿の葉寿司

柿の葉寿司が作られる狭義の奈良県吉野地方は、奈良県と三重県の境となる大台ケ原が源となって、奈良県中央部を東から西にながれ、和歌山県の紀の川へとつながる吉野川の流域である。奈良県内をながれるときは吉野川とよばれ、和歌山県にはいると紀の川と河川名称が変わるのである。

昭和二〇（一九四五）年代以前の日本各地の食生活を聞書きした農山漁村文化協会発行の『聞き書　奈良の食事』（「日本の食生活全集　奈良」編集委員会編　一九九二年）から、吉野川流域の吉野郡吉野町山口で作られ食べられる柿の葉寿司を紹介する。

吉野地方の北にそびえる竜門岳の山麓は、竜門岳から吉野川へとながれる水でうるおう里である。二毛作（夏季の水稲栽培と冬季の麦作のこと）が可能で、米と麦が食べられた。吉野川の鮎、多種類の柿、きのこ、山菜と、季節がめぐるごとに山川の幸にめぐまれるが、海の魚だけはとれない。その昔、東西の熊野街道を通ってはこばれた熊野灘の鯖は、この地の人々の待望の味であったが、昭和にいたっても鯖は〝とっきょり（特別の日）〟のごちそうであった。

内陸県の奈良県では、かつては日常のおかずは野菜が中心であり、肉や魚に代わるものとして、豆類や高野豆腐がよくもちいられる。しかし、とっきょりには海の魚がきまって食卓にのぼる。半夏生の蛸、盆の飛び魚、夏祭りのえそ、正月の棒鱈はごちそうであり、祭りには塩鯖や塩秋刀魚で押し寿司が作れる。

海の魚は、熊野灘、伊勢湾、大阪湾のものがはいる。よくつかわれる塩鯖は、おおくは熊野灘のものである。鯖は水揚げの後に内臓をとり除き、腹の中に塩をつめて塩漬けにする「浜塩」と言う方法で作られる。尾鷲市で水揚げされた鯖は、伯母峰峠を越え、川上村から口吉野（宮瀧）へ運ばれる。引本港の鯖は大台ケ辻から入之波を経て、川上村へ出て口吉野へ達する。それぞれ東熊野街道を利用した経路である。この間に塩鯖はちょうど良い塩梅（あんばい）なると言う。大阪湾の魚は、竹内街道や奈良街道、または大和川に沿って運ばれていたようである。比較的近距離の大阪からは生魚がけっこう入ってくる。

夏祭りになくてはならないのが、柿の葉寿司と小麦餅である。秋祭りも別名「鯖祭り」と言われるほどに、鯖を堪能する。

田植えがおわり、田の草取りを二、三回して、ちょうど一服つきたいころに七月一〇日の夏祭りが到来する。八日と九日には小麦餅を作る。祭りの前日には柿の葉寿司を作る。

柿の葉寿司は夏祭りには欠かせない〝ごっつぉ（ごちそう）〟である。柿の葉は渋柿（しぶがき）の葉をつかう。七月初旬の葉は柔らかく、大きさも手ごろである。

塩鯖は売りにきてくれる魚屋から買うが、そのままでは塩がからすぎるので、水であらって半日干し、水気を切ってから一口大に薄くすく。米四升（七・二ℓ）には、塩鯖がだいたい三本分必要で、米一升につき薄くすいた一口大の鯖が七〇枚くらい必要である。

ご飯を炊き、酢と塩を合わせてすし飯を作る。すし飯をさまし、一升につき七〇個くらいに握り、鯖をのせ、柿の葉でつつむ。押し箱にきれいにならべ、間に柿の葉をはさみながら何段にも重ね、重石をする。一晩たてば、鯖のうまみと、柿の葉の風味がご飯にまざって美味しくなる。それぞれの家ではおおよそ四升ぐらい柿の葉寿司を作る。すし飯に、塩鯖の味と柿の葉の香りがうつって独特の風味を醸し出す。

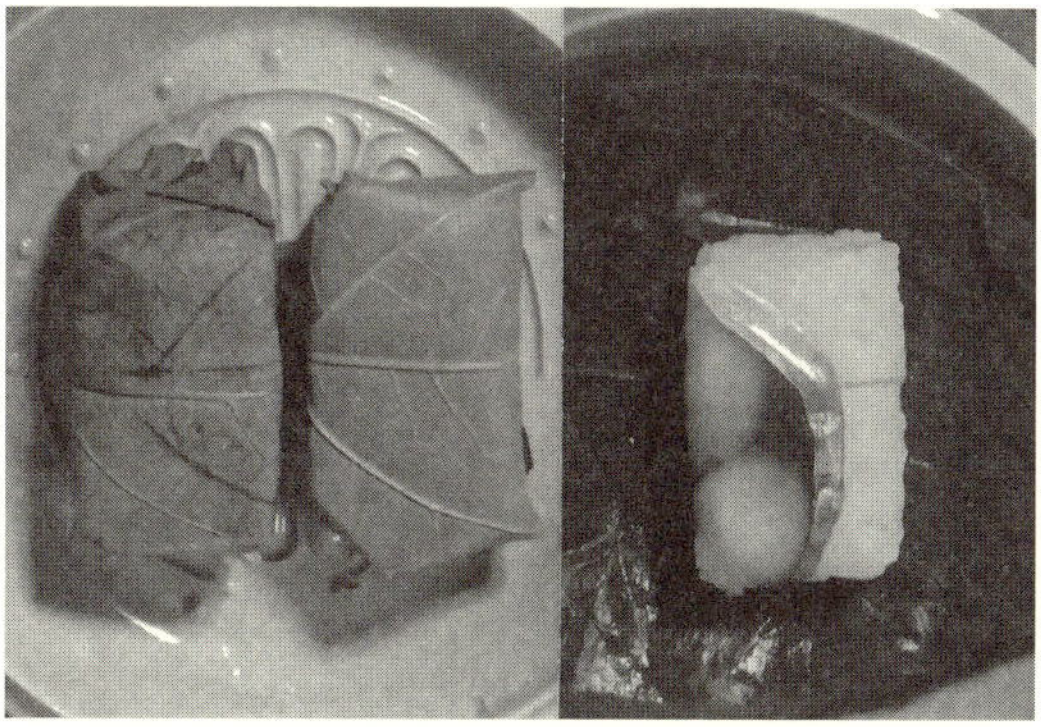

柿の葉寿司は鯖寿司を柿の葉で包み「押し」をかけている。

押し箱の中の柿の葉寿司は日が経つにつれて熟成し、できたてから少しづつ味が変化していくのが特徴となっている。馴寿司の一種とされ、かつてはきつく塩あてした鯖をつかい、重石をすることで数日間食べられていた。最近は減塩志向の高まりもあって、鯖にあてる塩や重石も昔にくらべて控えめとなったため、一番の食べごろは一晩ねかせた翌日と店ではすすめている。ねかせることで塩角(しおかど)がとれて、すし飯に鯖のうま味と柿の葉の香りがしみこみ、熟成して深い味わいとなるのである。

奈良県で柿の葉寿司が作られる地域は、吉野川筋の五條市、大淀町、下市町、吉野町、東吉野町、川上村のほか、吉野川筋に近い奈良盆地南部の御所(ごせ)市、高市郡の一部である。どの地域も夏祭りの七月初旬から中旬にかけて作られる。

柿の葉寿司用の柿の葉は、昔は殺菌効果を高めるため、渋柿の葉をつかい、さらに塩づけしてから、寿司をつつむのがふつうであった。しかし、保存技術が向上した現在では、贈物として見た目を重視するようになった。そのため、とりたての新鮮な葉っぱをつかった寿司が比較的よろこばれる。さらには、販売店によっては新鮮な柿の葉、または秋の紅葉した柿の葉をつかって、色の演出を試みているところもある。

柿の葉寿司につかえる柿の葉は、だいたい五月下旬ごろに採れる。それが一一月には紅色に色づき枯れてくる。そのため冬季につかう柿の葉は、八月ごろ葉っぱが一番しっかりしてきたときに塩漬けしておく。

紀の川流域の柿の葉寿司

三重県境の大台ケ原を源にして西へと中央構造線の断層にそって流れる吉野川は、和歌山県の領域にはいると名前が紀の川に変わる。河川名称が変わるあたりが和歌山県伊都(いと)地方で、和歌山県伊都振興局によると安土桃山時代には柿の栽培がはじまり、販売されていたとの記録があると言う。同振興局の管内である橋本市、かつらぎ町、九度山町、高野町と言う一市三町では柿の栽培が盛んで、紀の川両岸の平坦地はもとより山腹まで耕地が拓かれており、柿を中心とした果樹類が栽培されている。

この地方の秋祭りのごちそうは、栽培している柿の葉をつかって作る柿の葉寿司である。農山漁村文化協会発行の『聞書き　和歌山の食事』（「日本の食生活全集　和歌山」編集委員会編　一九八九年）から、伊都地方の柿の葉寿司を紹介する。

和歌山県伊都地方の柿の葉寿司は、渋柿が秋になってきれいに紅葉した葉をつかい、塩鯖や海老、松茸などのにぎり寿司をつつんだ寿司である。寿司をつつむ柿の葉は保存しておき、来客などがあるとき、柿の葉寿司を作ってもてなすのである。

赤く色づいた柿の葉で包んだものもあり、季節感がある。

塩鯖をつかった柿の葉寿司は、塩鯖の骨をとって、〝すしのこにすいて（すし種になるよう身をそいで）〟砂糖を入れた酢をかぶるくらい入れ、一時間から一時間半つけておく。柿の葉の表に鯖のすしのこをのせて、すし飯の〝にぎのこ（小さくにぎったもの）〟をのせ、柿の葉でくるんて寿司桶にきっちりとならべ、重石をして一晩押しておく。鯖がなじんで味が良くなり、四角いお寿司になる。

海老の柿の葉寿司を作るときは、海で採れる海老を乾燥した〝かち海老〟をつかう。この海老は、水につけておくと柔らかくなる。これを酒、砂糖、醤油で甘辛く、汁がなくなるように煮あげる。柿の葉に海老の甘がら煮をのせ、すし飯のにぎりこをのせ、柿の葉でくるんで寿司桶に押して一晩おく。

〝川じゃこ（川の雑魚）〟を種にするときは、川じゃこを素焼きにしておき、甘辛く煮あげたのを丸ごと「すしのこ」にし、柿の葉でつつむ。このほか、松茸や〝ちょまき（鳴戸かまぼこ）〟の煮たのをすしのこにして、柿の葉でくるんで寿司にする。

紅葉したきれいな柿の葉を、瓶にそのまま入れ、白い梅酢（うめず）をかぶるくらい入れ、軽い石をのせておけばきれいな紅色が残っていて、いつでもつかえる。なお、白い梅酢とは、生梅を塩漬けしたときにでる梅酢そのままのことで、紫蘇の葉をいれない状態の酢である。

紅葉する前の青い葉を保存するときは、葉を瓶に入れ、水を沸騰させてからさまし、海水より鹹（から）いくらいの塩水を作り、柿の葉がかぶるくらい入れて、重石をのせて保存しておく。

柿の葉は、雨の露がついているときや、朝露のついているときはダメで、良いお天気のとき、乾いているものを採ってきて、そのまま漬けておく。つかうときは葉をだして水に二、三時間つけて塩抜きし、きれいな水であらいながす。ふきんでふいてつかうか、軸を下にして篭にならべて水切りする。

鳥取県智頭地方の柿の葉寿司

鳥取県東部を南の岡山県境となっている中国山地を源にして日本海に流れ下る千代川（せんだい）は、鳥取県の三大河川の最も東にあり、河口に鳥取市市街地を形成している。上流部にあたる八頭郡智頭（ちず）町は江戸時代から杉の林業地としてしられているが、近世から盛んに柿が栽培されており、その葉っぱをつかった柿の葉寿司が作られている。智頭は江戸時代、参勤交代の県内最大の宿場町として栄え、今も当時をしのばせる風情が色濃くのこっている街である。

鳥取県には甘柿の新平や花御所と言う同県原産の柿の品種があり、渋柿の西条柿もふるくから農家の庭先や道路、川岸周辺に生育しており、気候や土質が柿の生育に適しているとみられいる。

智頭地方の柿の葉寿司は、海から離れた山間部であるため、新鮮な魚が手に入りにくいので鱒に塩をまぶして保存性をたかめ、さらに美味しく食べるため酢でしめると言う先人の知恵のたまものだと言われている。この地方の柿の葉寿司はお盆や祭り、来客のおもてなしなど特別の日に作られ、食べられた。鱒の身のピンク色と柿の葉の緑色が膳をいろどり、見た目も晴れやかなごちそうである。

作りかたは、すし飯と酢でしめた鱒の身をにぎり、柿の葉のうえにおき、山椒の実や葉を鱒の身のうえにおき、寿司桶にすき間なくつめこんでから、その上にさらに柿の葉を敷きつめ、重石をして数時間から半日程度なじませると完成である。山椒は保存性や殺菌効果を高めるとともに、小さくても味にアクセントを加え、食欲を増進させる。

すし飯は、米に分量の水と酒をくわえて炊く。調味料をあわせ、砂糖や塩がとける程度に火をかける。塩鱒は三枚におろし、皮、血合い、ひれをのぞく。これを倍にうすめた酢水であらい、身の表面についた脂分を取り除く。塩鱒は薄く切る。薄く切ったほうがやぼったくなく、美味しい。柿の葉は、よく洗って水けをふきとっておく。

鳥取県智頭町は、柿の生育に適した土地で、その葉を使って柿の葉寿司が作られる。

すし飯は一個三〇g程度の大きさのものをふわりとにぎり、塩鱒の切り身をのせ、さらに山椒の実か葉をのせて柿の葉の上におき、全体を両手で上下からゆっくりと押さえる。それか寿司桶にすき間なくつめる。作りたてよりも、押しに時間をかけると、すし飯と塩鱒がしっかりと馴染み、美味しくなると言う。口に入れた瞬間、酢の風味とともに塩鱒の上にのせた山椒の香りが口いっぱいに広がり、塩鱒のうま味をいっそう引き立てる。

つかう柿の葉は、お盆ごろの葉が最も適している。柿の葉があまり若いと、酢の影響で変色することがある。また秋に紅葉した葉をもちいると、季節感や風情を醸し出すことができる。

柿の葉を保存するときは、柿の木から採った葉をきれいに洗い、水気をふきとり、何枚かずつに束ねて冷凍する。つかうときは、そのまま冷凍庫から出してもちいる。

智頭町の柿の葉寿司も郷土料理として長年にわたって作り続けられてきたが、集落の人口減少と高齢化の進行とともに作る家庭が少なくなっていた。そこで昭和六二（一九八七）年ごろ、地元農家の人たちが那岐(なぎ)特産品開発研究会を発足させ、柿の葉寿司を物産店などで一般販売するようになった。いまは鳥取県の「県が選ぶとっとり旨いもん一〇〇」の一つに選定されている。

石川県の柿の葉寿司と椿寿司

石川県加賀地方でも柿の葉寿司は作られ、食べられている。石川県はおおまかに言って、金沢市以南の加賀地方と、津幡町以北の能登地方にわけられる。加賀地方は加賀百万石の穀倉地帯となっている手取川流域の金沢平野が海岸部に広がっている。

秋の九月から一〇月にかけては、加賀地方の各地では秋祭りが催され、祭りの日には必ず柿の葉寿司が作られ、食べられてきた。お盆にも必ず食べられた。加賀地方の柿の葉寿司のはじまりは古く、その昔に金沢城主となった前田利家が加賀に入城したとき、地元の人びとから柿の葉寿司を献上されたとの説が伝わっている。この地方では昔から、柿の葉寿司を郷土料理として愛してきた。柿の葉寿司は金沢市でも作られるが、福井県境に近い加賀市周辺の食文化とされている。

加賀地方で作られる柿の葉寿司は、奈良県や和歌山県で作られ柿の葉ですし飯を包む柿の葉寿司とは違って、柿の葉を舟形にして、そこにすし飯、酢でしめた魚の切り身、桜海老(さくらえび)、生姜、海苔などを乗せ、寿司桶に詰めて押し蓋をし、重石をのせて一晩寝かせ、味をなじませる。駅弁として売られている加賀の柿の葉寿司は、奈良・和歌山の柿の葉寿司のようにすし飯は葉っぱでつつまれているが、家庭で作られるものは柿の葉を舟にみたてて、その上に押し寿司をもった形である。またすし飯の上にのせる具は、鯖、鮭、小鯛、鱒などの切り身と言う種類も多いうえ、さらに生姜、胡麻、青海苔、桜海老などを散らす。

柿の葉は、庭にある柿の木から色が濃く美しい艶（つや）のある葉っぱを選んでとり、軸をきりとり舟のかたちに作り、洗ってきれいにふいておく。柿の葉寿司の旬の時期は、九月上旬から一一月下旬である。

柿の葉寿司を提供するときは、柿の葉をお皿のようにして、中身が見えるようにして提供することが多い。柿の葉は食べない。すし飯の形も奈良周辺の俵型でなく、平べったい小判型となっている。皿に盛ったとき、柿の葉のあざやかな緑が目にとびこみ、柿の葉の香りもたって食欲をそそる。柿の葉寿司は大きさが絶妙で、男なら五〜八個は食べられそうで、一年中汗水たらして作った新米を味わう収穫の喜びがこめられているような気がする。

農山漁村文化協会発行の『聞書き　石川の食事』（「日本の食生活全集　石川」編集委員会編　一九八八年）によると、加賀三湖の一つである柴山潟（しばやまがた）に接した江沼郡月津村柴山（現加賀市）は、柴山潟での鮒、鯉、シジミ、鰻、小海老などの漁と畑作の半農半漁の村であった。潟（がた）をへだてた向かい岸に片山津温泉があり、集落の後方は畑地を経て砂丘につらなり日本海に続いている。

柴山地区では屋敷まわりが狭く、ほかの集落のように柿の木が植えられないので、寿司は神社の境内にたくさん生えている椿の葉がつかわれる。この椿寿司は秋祭りにだけ作られ、祭りの前日になると神社は椿の葉をとりにきた人びとでにぎわう。

作り方は、塩鯨（しおくじら）の皮ひところ（一〇〇匁＝三七五g）を酢にいれ、塩気をぬいておく。米二升（三・六ℓ）を固めに炊いて、酢、砂糖、塩をいれてさます。塩鯨の皮は七分（二・一㎝）角ぐらいに切る。きれいにふいた椿の葉のうえに、にぎったすし飯をのせ、その上に鯨の皮と海藻をのせ、四角の寿司箱にならべ、蓋をして重石をおく、押し寿司にする。

福井県のすし飯をつつむ油桐葉

永平寺町は福井県北部を東の岐阜県境を源にして、福井平野を流れ下る九頭竜川の中流域にある。永平寺町は、鎌倉時代の寛元二（一二四四）年に領主の波多野義重の願いによって、道元禅師が建立した曹洞宗永平寺と言う禅寺の門前町として開けたところである。

ここに「木葉すし」又は「葉すし」、あるいは「葉っぱすし」「油桐葉寿司」などといろいろな呼ばれ方をするが、油桐の葉でつつんだ寿司がある。葉の香りが最高である。油桐は桐の一種で、種子から灯火用の油がしぼられる。油桐は江戸時代には、福井県西部の若狭地方の特産品とされており、島根県とならんで日本の二大産地となっていた。永平寺町における油桐の栽培のはじまりは、詳らかでない。永平寺町の公式ネットによれば、油桐は平成一八（二〇〇六）年に「永平寺の木」とされている。

ついでに油桐とはどんな樹木かについて、岩水豊編・著『オオアブラギリ栽培ガイドブック』（フォレスト・リサーチ研究所 二〇一七年）から簡潔に紹介する。日本で栽培されている油桐は、江戸初期の慶長一七（一六一二）年には栽培されていた日本油桐と、明治三四（一九〇一）年に中国から渡来した支那油桐の二種がある。油桐の種子には三八％の油がふくまれており、この桐油を採ることを目的として栽培された。桐油は生活を営むうえで必需品であった灯火用であった。桐油は毒性を持つ不飽和脂肪酸をふくんでいるため、食用にならない。それで古くから種子の油を食用にしてきた荏胡麻と対比して、別名を毒荏とよばれている。

灯火用としての需要がなくなると、唐傘に貼る和紙に撥水性をもたせるための塗布用、自動車や船舶用のペンキ原料として、昭和期の工業発展により動力燃料に、また化学製品の原材料として重要な役割を果たしている。そして今日では化石燃料に替わる植物バイオ燃料が注目されるようになり、ふたたび油桐栽培が日の目を見るようになっている。

油桐はトウダイグサ科の落葉高木で、高さ一〇ｍになる。葉は長い柄をもって互生し、形は三裂するものが多いが、円形で裂けないものもある。葉質は厚く、長さは一五～二五cmくらいあり、すし飯をつつむのに十分な広さがある。

永平寺町では、お祭りやお盆などには油桐の葉っぱでつつんだ鱒寿司を作る独特の風習がある。いつごろからはじまったのか、はっきりしない。これは自然の恵みに感謝し、豊作、豊漁への祈りをこめて先祖の人びとによって生みだされたものである。葉寿司はハレの日に、家族と喜びをわかちあい、客をもてなすために欠かせないものでもある。一度にたくさん作り、訪れた客に振る舞ったり、近くの親戚や知人に配ったりした。

永平寺町では、油桐の葉は表面に油があってすし飯がくっつかず、香りを持っているところから、「お寿司の木」として人々に親しまれ、家々の庭先などで大切に育てられている。かつてはアカメガシワの葉や桑の葉、ブドウの葉、茗荷の葉が寿司をつつむのにつかわれたと言われる。

油桐葉寿司の材料は、米、酒、塩鱒（しおます）の切り身、昆布、生姜である。塩鱒の鱒は、本来は九頭竜川をさかのぼる桜鱒（さくらます）であった。九頭竜川の桜鱒は、資源保護のため漁協組合員でも網で採ることは許されていない。

作り方は、米は炊く二時間くらい前に洗って、昆布と酒をいれて炊く。あわせ酢を作りご飯にまぜてすし飯を作り、よくさます。塩鱒の切り身は、三〇分くらい酢に浸けてさらにのせておく。生姜は細く針状に切って、しばらく酢につけ、しぼっておく。五合分のすし飯を三〇個くらいになる大きさで握り、そのうえに塩鱒の切り身と針生姜をのせ、油桐の葉でつつみ、すし箱の中にきっちりとならべ、重石をのせ、一晩おく。味が馴染んできたら、できあがりである。きっちりと隙間なく木製の四角なすし箱にいれるので、できあがりは四角い形をしている。作り方は、それぞれの家庭によって違っている。

すし飯をつつむ油桐の葉は、採ってくると洗って干しておく。破れたり小さかったりすることもあるので、作る量よりもすこしおおめに採っておく。油桐の葉は、すし飯一升（一・八ℓ）で七〇～八〇枚くらいである。油桐の葉は、七月から一〇月ごろまで採れるので、この期間が油桐葉寿司の旬といえる。油桐葉の保存方法はまだ確立できていないようである。

油桐の葉は、現在の永平寺町（旧永平寺町、上志比村、松岡町）でしか採れない。福井平野では、油桐の葉の代わりに、民家のちかくによく自生している赤芽柏（あかめがしわ）の葉がつかわれる。

油桐葉寿司は盛んに作られていた時期があったが、近年になってあまり作られなくなったので、永平寺町の農家女性グループ「若鮎（わかあゆ）グループ加工部会」（会員九名）が、「ふるさとの味を残したい。伝統食を他の地域の人にも味わってもらいたい」と、農作業や家事の合間をぬって試行錯誤をつづけていた。同町生活改善センターの食品加工場の建設をきっかけとして、平成一一（一九九九）年に伝統料理の〝油桐葉寿司（木葉寿司）〟を商品化したのである。

油桐葉寿司につかわれる油桐は、もともとは前に触れたように、種子に含まれている油をしぼり、灯火用としてつかう樹木であった。わが国での油桐の栽培は江戸時代からはじまっており、栽培されていたのは静岡県の旧清水市（現静岡市）、島根県、福井県の若狭地方であるが、それらのどの地方でも、油桐の葉っぱですし飯をつつむことにつかうところはなかった。当地の若鮎グループ加工部会が、郷土料理を他の地域の人に食べてもらおうと試行錯誤しているとき、すし飯をつつむ大きさの葉っぱで、良い香りのする油桐に目を着けたものではないだろうか。永平寺町の上流部にあたる勝山市では、一〇月の秋祭りには鱒ずしに刻み生姜をそえた笹の葉寿司を作っている。油桐葉寿司は、笹の葉寿司の応用から作られるようになったものであろう。

食物をつつむ朴の木の葉っぱ

芳香のある大きな葉を持つ樹木に朴（ほお）の木がある。朴の木はモクレン科で、山地や平地の林の中にはえる日本特産の落葉高木で、高さ二〇m、直径一mと言う大木に成長する。葉は長さがしばしば三〇cmになる大形で枝のはしに集まって広がり、倒卵状長楕円形で全縁、先の部分はとがり基（もと）のところはせばまる。葉質はやや厚く、あるいは薄くてかたく、若い葉は紅色をおびて美しい。葉は食物をつつむのにつかわれる。古名でホオガシワと言われるが、たぶん昔はこの葉に食物を盛ったことによるのだろうと、植物学者の牧野富太郎も考えていた。

朴の木の葉っぱには芳香があり、殺菌作用があるので食物をつつんで、朴葉寿司、朴葉餅などにつかわれる。また落葉したものでも、比較的火につよいため、味噌や他の食材をのせて焼く朴葉味噌、朴葉焼きといった郷土料理の材料としてつかわれる。

昔にもおなじような使い方がされていたようで、柳澤一男著『描かれた黄泉の世界　王塚古墳』（新和泉社　二〇〇四年）によれば、昭和九（一九三四）年九月三〇日小山から土取りをしていた作業中に偶然みつかった九州の筑豊地方の福岡県嘉穂郡桂川町寿命の王塚古墳の発掘調査時に、玄室の杯に朴の木の葉がしかれていたのがみつかっている。この古墳が作られてから、千数百年が経過しているので、通常であれば消滅しているのであるが、玄室が密封されていたので、朴葉が朽ちずにそのまま残っていたのであろう。王塚古墳はわが国の特別史跡に指定されており、六世紀ごろ作られたとされる前方後円墳である。五つの色彩で彩られた壁画が、石室内のほぼ全面に描かれたことで知られている。

若木でも大きな葉をひらく朴の木。食物を包むのに適している。

本項は木の葉っぱでつつまれた寿司について述べているのであるが、寿司も食物の一種なので、ついでに朴葉でつつまれる食物に述べることにする。

農山漁村文化協会発行の『聞き書　岐阜の食事』（「日本の食生活全集　岐阜」編集委員会編　一九九〇年）によれば、岐阜県飛騨地方の飛騨国の国府がおかれていた国府町（現高山市）は、高い山々にかこまれた冷涼な高原の古川盆地にある。この地の人びとは浄土真宗にふかく帰依し、殺生を好まず、親鸞聖人をあがめる大切な行事で、一一月から一二月におこなわれる報恩講には、白飯、野菜や山菜の煮しめ、品漬、豆腐料理がなによりの〝ごっつぉう（ごちそう）〟である。なお品漬とは漬物の一種で、赤かぶ、茗荷、きゅうり、〝五升いも（きくいも）〟〝はうきだけ（ねずみたけ）〟などを、いっしょにして漬けこんだものである。

国府町山本では、当日は手次寺の院主さまと〝いつけ（親戚）〟を招待する。昼ごろからお斎のふるまいがはじまるが、白飯と季節の野菜をいれた味噌汁だけで食事をすませ、ごっつぉうは全部朴葉でつつみ、藁でしばって各自が持ってかえる。招かれた家の家族は、みやげの朴葉包みの〝ごっつぉう〟を待ちわびる。

また合掌造りの家屋が建ち並んでいることで知られている大野郡白川村荻町でも、秋の収穫がおわった秋じまいには「ほんこさま」が各家でおこなわれ、僧侶を招き、親戚一同があつまり、大きな仏壇のまえで仏と共食する。出されたごちそうはすべてを食べるのでなく、のこりは朴葉につつんで持ちかえる。朴葉四枚とわら数本をうまくつかって、料理をつつむのである。

また同所だけでなく飛騨地方では秋になると、落葉した朴葉をひろい集めておく。自家製の味噌を朴葉のうえにのせ、平にならし、そのうえに小口切りしたネギもちらす。これを囲炉裏のおき火の金網のうえにおき、ゆっくりと焼く。朴葉の香りが味噌にしみこみ、ご飯のうまいおかずにする。

飛騨地方の人びとのふだんはつつましやかで質素な暮しであるが、ハレの日には思いきりごちそうをする。慶びごと、仏事、年中行事など、そのときどきのお供えと、合間食い、土産や贈答品であっても、主役は餅となっている。行事餅には、菱餅、土用餅があり、お盆のときには朴の若葉で餅をつつんだ青朴葉餅を作るなど、その種類は多い。

静岡県北西部で、峠のむこう側は長野県となる磐田郡水窪町領家字大野大沢（現浜松市天竜区水窪町）の人びとは、山間の急斜面に石垣を築き、わずかな畠や山畑に麦、いも、そば、桑を作り、栃の実や栗を拾う日々を過ごしている。

ここでも五月五日には柏餅を作る。「かしわもち」とよんでいるが、米の粉か、きびの粉を水でといて丸め、中に餡を入れ、朴葉でつつんで蒸したものである。

木曽地方の朴葉飯と朴葉寿司

朴葉で飯をつつんだものが朴葉飯で、長野県木曽地方、岐阜県、石川県、福井県などで作られる。作り方もそれぞれの地方での特色がある。

まずはじめに昭和二〇（一九四五）年以前の食生活を聞書きした農山漁村文化協会発行の『聞き書　長野の食事』（「日本の食生活全集　長野」編集委員会編　一九八六年）（以下「聞書き〇〇の食事」と省略して記す）から、木曽地方の御嶽山（おんたけさん）の裾野の開田（かいだ）高原の朴葉飯を紹介する。開田高原は、霜のない月は七月と八月だけと言われる冷涼な高原である。この人びとは一枚の田に三つの品種を植えるなどして、高冷地での米作りに成功している。稗粉をまぜた稗粉飯は香ばしく、熱いうちはたいへん美味しい。

ここでは日本の在来馬の一種の木曽駒（きそこま）が、人間と同じようにして大事に飼育されている。暑いときの御嶽山への登山や、けずり（馬市）、草刈りには、朴葉飯の弁当を持っていくことが多い。朴の葉はつつんだ飯やおかずの腐敗を防ぎ、長持ちさせるからである。

朴葉飯の作り方は、まず朴の木の葉の大きなものを採ってきて、洗っておく。米も洗ってざるに入れて水切りしておいて、朴の葉に米をさしてすくって入れ、米があふれないようにつつみ、わらでしっかりと結び、たっぷりのお湯で茹でる。朴の葉の香りがご飯に移って、おいしい朴葉飯ができる。それにかぶの漬物、油味噌をそえて、弁当として持っていく。ここでは、朴葉の上にできあった飯を置くのではなく、米を朴葉でつつんで、湯の中にいれて茹でると言う方法で朴葉飯を作っている。

朴葉飯には朴の葉の独特の風味が中の飯にしみこんでおり、食べると口の中にその香りがふわりと広がる。朴葉でつつまれたご飯は、朴葉の香りとともに殺菌効果もあるので、三、四日持ち歩いても大丈夫であった。朴葉飯は携帯食として重宝されていた。木曽の子どもたちが学校登山で御嶽山へゆくときのお弁当は、みなこの朴葉飯であった。

近年ではこの朴葉から発展して、木曽地方独特の「朴葉巻き」と言うお菓子や、朴葉寿司、朴葉料理が作られるようになった。なお朴葉巻きについては、あとの項で述べる。

木曽町で現在作られている朴葉寿司は、朴葉のまん中にすし飯を湯飲み茶わんいっぱい分ほどのせ、その上に好みの具をのせる。椎茸の煮たもの、ちりめん山椒、紅しょうが、でんぶ、錦糸卵など、好みのものをのせる。紅しょうがは見た目もきれいだし、味のアクセントになる。

木曽での朴葉の利用法に、ユリ科の山菜の〝しおで〟にかつおぶしをかけて味噌をのせ、朴葉でつつんで焼いたり、秋には落葉した朴葉をひろってきて平らにし、魚をのせて焼いたりした。また、田畑の仕事にでるとき醤油でつけ焼きした餅を、朴葉にくるんでおやつがわりに持っていったりしていた。

木曽地方の朴葉料理は、昔に猪の肉を朴の葉でつつみ蒸しにして焼いていた地域があり、それの現代風の応用である。朴葉味噌とおなじように、下味を付けた豚肉か鶏肉としめじをつつんで巻き、蒸し焼きにする。塩こしょうだけの下味なのに、朴葉の香りが合さり、香り高くとても美味しい。

木曽では自家用にするため、家のかたわらに朴の木を植える家庭もおおかったそうだ。それぞれの家では、葉っぱをとりやすいようにと、剪定して木が大きくなり過ぎるのを防ぎながら、大切に手をいれている。

岐阜県の朴葉寿司が作られる地域

朴葉寿司は岐阜県の広い地域で作られ、食べられているとされるが、日比野光敏著『すしの事典』(東京堂出版 二

○一一年）は、美濃地方東部（東濃地方とも言う）と飛騨地方の中南部および郡上地方（中濃地方とも言う）で作られるとする。そして朴葉寿司の作り方に二通りあり地方ごとに分かれており、東濃地方の「乗せ朴葉寿司」と、飛騨中南部と中濃地方の「混ぜ朴葉寿司」とにわかれるとする。

朴葉寿司を作り食べると言ういわば朴葉寿司文化は、岐阜県の飛騨地方と美濃地方の両方をあわせた地域のほぼ東半分にひろがっている。大まかにいえば、北で日本海にそそぐ宮川が富山県境と接するあたりと、南は木曽川が愛知県境と接するあたりを結んだ線より東側が、朴葉寿司文化圏と見られる。この線より西には郡上地域が朴葉寿司文化圏にはいるが、それ以外の地では朴葉寿司は作られたり、食べられたりしない。

これには朴葉寿司をつつむのにつかわれる朴の木の植生分布や、すしの具材の中で大きな地位をしめている鮭と鱒の流通関係が大きな関わりを持っているのだろうことは想定できるが、確たる資料がないので今後の調査が期待される。岐阜県における朴葉寿司がいつごろから作られるようになったのかは詳らかでないが、昭和二〇年代以前の地方の食生活を聞書きした農山漁村文化協会発行の『聞き書　岐阜の食事』には朴葉寿司は掲載されていない。そのことから岐阜県の朴葉寿司は、昭和五〇（一九七五）年代中ごろからはじまったいわゆる地域おこしの中での地域の特産品作りにより、それまでに作られていた素朴な携帯食の朴葉飯を応用して、香りの良い朴葉だけは地域の特色としてのこし、具材を豪華にし、土産物としても見栄えのするものを作りあげたことが考えられる。

「地域おこし」とは地域活性化とも言われ、それぞれの地域・地方が主体となって、わが地域・地方の経済力やそこに住む人びとの意欲を向上させたり、人口を減少させないように、あるいは人口増加をはかるためにおこなういろいろな活動のことである。町・街の場合は「町おこし」「街おこし」「まちおこし」ともよばれ、村の場合は「村おこし」とも呼ばれる。

わが国は昭和三〇（一九五五）年代中ば以降の重化学工業を主軸にした工業化に成功した一部の地域をのぞき、それ以外の地方では人口が工業地帯へと流れだしていくようになった。大都市圏に産業や人が集中し、郡部、中山間、離島などでは住民が減少して過疎となり、さまざまな障害がおこるようになった。

昭和四八（一九七三）年の石油危機から、玉野井芳郎や杉岡碩夫・清成忠男らによって地域主義が提唱され、これが現在につながる「地域おこし」「町おこし」の源流となった。町おこしの一つ観光では、地域に住む人びとにとっては当たり前のことが、他の地域のひとにとっては観光資源になる。人びとが子どものころから何気なく食べている料理が、売り物つまり商売になることもある。前にふれた福井県永平寺町の油桐葉寿司は、地元の主婦たちの努力によって、香りの良い油桐の葉っぱですし飯をつつんだもので、いまでは永平寺町だけで食べられる名物となっている。

岐阜県東部の山地に生育している朴の木の葉っぱは、朴葉味噌や朴葉飯をつつむ材料として良く知られている。大きいうえに香りが良い。これに目を着けた人がいたに違いないが、どこの誰なのか詳らかではない。岐阜県内のあちこちで、ほぼ同時的に朴葉寿司作りははじまったに違いないが、その具材は従来の食文化をそのまま取りいれ、朴葉寿司と言う名称をつかいながらも、鮭文化圏と鱒文化圏と言う地域文化の違いがあらわれている。

東濃地方の朴葉寿司

まず東濃地方の朴葉寿司から見ていこう。東濃地方とは木曽川流域と長良川流域にあたる。地方自治体名で言えば、中津川市、恵那市、土岐市、多治見市の区域となる。

この地域は昔から農業や林業を生業としている人がおおく、昼食を田畑や山の中で採ることが多かった。そのため殺菌力のある大きな朴葉で飯をつつんだ朴葉飯は、携帯するのに便利であり、食事のあとつつんできた朴の葉っぱは放置しても環境を汚すことはなかった。また山仕事や農作業で汚れた手を洗う水のない場所でも、葉でまとめながら食べ物を汚すことなく食べられ、また皿代わりにもなると言う利便性があった。

香りが良く清潔でものをつつむに十分な大きさの朴葉は、寿司をつつんでは祭りや祝い事などのハレの日の食事にももちいれられ朴葉寿司がうまれたのであろう。朴葉寿司は若葉がしげる六月上旬から八月中旬に作られる。

この地方の朴葉寿司は、郷土料理研究家の日比野光敏が「乗せ朴葉寿司」と名づけた方法で作られる。

作り方は、すし飯をこぶしくらいの大きさににぎり、やや平たくし、これを朴葉の中ほどから葉のつけ根側半分くらいのところにおく。

朴の木の花。この葉にすし飯をのせつつむ。

そのうえに酢でしめた鮭の切り身（または鯖の切り身）、甘煮の椎茸、塩茹でした蕗、きぬさやえんどう、川魚の甘露煮、しぐれ煮、錦糸卵、紅生姜などを彩り良くのせる。家庭により乗せる具も変わる。この地方ではすし飯に具をまぜこまず、乗せていく方式である。

具をすし飯のうえにのせおわると、葉先がわの半分をおりかえして寿司にかぶせ、盆や浅い桶などにならべてかさね、全体に少し重石をかけ、半日から一晩おいておく。

読売新聞の平成二七年六月二一日付けの「食べものがたり　朴葉すし（中津川市）」との記事に、中津川市で作られる朴葉寿司が記されているので要約しながら紹介する。

中津川市神坂の農家の女性たちで作る農産加工グループ「湯舟沢レディース」は、グループ発足直後の約二〇年前に生産・販売をはじめた。代表の洞田梅子さん（六六歳）は「子どものころ、田植えが終わると、家族で田んぼで食べた思い出がある」とふりかえる。なお中津川市神坂は、かつては長野県木曽郡山口村神坂であったが、山口村が越県合併したので現在は中津川市域となっているが、合併後でも木曽谷文化をつたえるところである。

中津川で作られる朴葉寿司の具は、鮭やつな缶、鯖の水煮など地域によってちがうが、湯舟沢レディースは茹でた烏賊（いか）を塩漬けした塩烏賊（しおいか）をつかう。「椎茸も淡竹（はちく）の筍（たけのこ）のものも、地元のものをつかっている。塩烏賊は地元産じゃなく、山国の中津川に塩の道ではこばれてきたものだけれど、私たちの朴葉寿司にはかかせない」と洞田さんは言う。

作られた朴葉寿司は、すがすがしい朴葉の香り、ほのかに甘酸っぱいすし飯に甘辛い椎茸、筍が良くあい、彩りにそえられた紅しょうがと、香（かお）り付けの山椒の葉が食欲をさそう。すし飯はかなりの量だが、二つ、三つはかるく食べられる。

東濃地方ではたんぱく源として蜂の子やイナゴを食べる食文化がある。蜂の子は貴重なもので、醤油で佃煮のように煮るが、甘辛く、香ばしくて、なかなか美味しい。春の田植えのころに作られる朴葉寿司には蜂の子をいっしょに包み、秋祭りのころの箱寿司にも必ず蜂の子をいれる人もいる。

飛騨地方の朴葉寿司

飛騨地方は岐阜県の北部にあたるが、位山（くらいやま）（一五二九m）を分水嶺にして、北部の日本海にそそぐ流域（高山盆地と古川郷）と南部の太平洋にそそぐ地域（下呂地域）とにわかれる。飛騨地方の朴葉寿司について、かつて岐阜県の農業改良普及センターに勤務し、改良普及員の仕事を通じて県下各地域の朴葉寿司を賞味する機会にめぐまれていた福田美津江は、各地域の朴葉寿司の美味とはなんであるかをとりまとめ「朴葉寿司と美味」にまとめ『美味研究会誌七巻八号』（美味研究会　二〇〇八年）で報告している。それによれば、「飛騨地方での朴葉寿司の出現は、私が知るかぎりにおいてはそれほどおおくなく、秋に落葉した朴の葉を拾いあつめ、味噌焼きの器とし、あるいは餅の包み材としての活用が多くみられる」と言う。

飛騨地方で作られる朴葉寿司は、前出の日比野光敏が言うところの「混ぜ朴葉寿司」である。混ぜ朴葉寿司は、すし飯の中に刻み込んだ具を混ぜこんだいわゆる五目寿司を、朴の葉の上にのせてつつんだものである。すし飯にまぜこむ具は、魚介類としてはじゃこ（シラス干し）が少しばかり加えられるくらいで、ほとんどは椎茸、ごぼう、油揚げ、にんじんなどの野菜である。彩に五目寿司のうえに紅しょうがをのせることもある。

しかしながら、飛騨地方の一部の地域では酢でしめた鯖や鱒、あるいは鮭をすし飯に混ぜたものを朴葉でつつむところもある。

作り方は、鱒の切り身を一㎝ほどの大きさに切り、生のまま酢に一晩浸けておく。翌日すし飯作りにとりかかる。ご飯を炊いているあいだに、茗荷の若い茎を細かく切る。ご飯が炊きがったら、用意した大きな鉢にご飯、昨晩浸けておいた鱒の切り身を酢ごと、刻んだ茗荷の茎を交互に均等に混ざるように入れていく。全部入れおわったら、鉢のうえを朴葉でおおう。しかし上には重石をのせない。しばらくそのままにしておくと、酢がご飯にしみこみ、食べごろとなる。家庭によっては筍などを具にいれるところもあり、それぞれの家によって味が違っている。具の数は比較的すくない。

食べるときは、各自が朴葉を持ち、しゃもじで鉢からまだ熱いすし飯をとり出して朴葉に盛り、山椒の葉を寿司の中に入れて、にぎりながら食べる。このとき、朴葉と山椒の香りが口いっぱいに広がる。残った寿司は、朴葉にはさんで、山椒の葉を入れてつつみ、保存する。

この地方では、それぞれの家庭で朴葉寿司が作られるので、家の庭先や畑、空き地などに朴の木が植えられている。

飛騨地方南部で年間をとおして一〇回も朴葉寿司を作ると言う下呂市萩原町羽根地区の熊崎さん宅では、混ぜ込みの五目寿司であるが、材料は鱒の身を一から二㎝角にきったものだけと言う簡素なもので、作り方も簡単である。すし飯に炊く米は一升（餅米を一合ほどまぜ食感を良くする）なので、寿司をつつむ朴葉は四五枚から五〇枚用意する。どの家庭でも米一升にたいして朴葉は四〇から五〇枚が一般的となっている。

ご飯は炊きあがってから二〇分ほど蒸しておく。鱒はなべに入れて火をとおしておく。これで調味料が良くまざり、鱒のくさみもなくなる。砂糖と酢と塩をまぜ、そこに鱒の切り身を混ぜる。木桶などの大きな器にご飯をうつし、鱒の切り身のまざった調味料をいれ、良くまぜる。温かいうちに朴葉でつつむ。温かいうちにつつむと、ご飯の熱で朴葉の香りがつきやすい。秋に朴葉寿司を作るときは、この辺りの川に生息しているアジメドジョウをつかう。アジメドジョウは、醤油、酒、山椒の実で、甘辛く煮つけ、後から上にのせる。

なおアジメドジョウとは、ドジョウの仲間で日本固有種、長野・岐阜・富山県中部から大阪府まで分布している。体長七～一〇cm、水の澄んだ川の上流から中流にすみ、藻や水生昆虫を食べる。ドジョウ類の中で最も美味しいとされ、煮つけや吸物に利用され、名前のアジメ（味女）は美味しいことに由来すると言う。

朴葉寿司の商品化と味の変化

朴葉寿司は地元の人が一年中で最も重労働が長く続く田植え時の、わずかな休憩時間に食べる携帯食として作られた。そして集落のすべての家々の田植えが一段落したとき、田植え休みと言って集落全体が一日仕事をしない休息日があった。筆者の生家のある岡山県美作地方では「代(しろ)みて」（苗代の植える苗が植えられて全部なくなったと言う意味）と言っていた。

そんなときや、祝い事や祭りのとき、主婦が親元へ帰るときの手土産、客人へのもてなしのためなど作られるもので、家庭内のごちそうであった。その朴葉寿司は、葉の香りでご飯を食べるものであった。香りが一番のおかずで、朴葉寿司の主役となっており、朴の葉の清々しい香りが郷土の味となっていた。

近年になって町おこしあるいは村おこしなどとして、それまで当たり前の存在と考えられていた地元の農産物を外部の目で再評価して、その価値を高めるため女性を中心として農産加工品の生産や、農産品レストランなどが営まれるようになった。地域性豊かな朴葉寿司は、都会などから訪れる観光客や、めずらしいものを食べたい数おおくの消費者にたいして、立派な商品となるものであった。商品となることで、朴葉寿司を買ってくれる消費者に満足してもらうため、作り手はさまざまな努力をするようになり、本来の朴葉寿司の作り方や具の材料も変化してきた。

前にふれた福田美津江は「朴葉寿司と美味」で、朴葉寿司が商品化されたことにより変化した味のことを同論文で分析しているので要約しながら紹介する。

まず商品の朴葉寿司は、すし飯や具材の味付けが統一されるとともに、食品衛生法により原材料を表記するため具の種類は年間を通して一定となった。年間を通じて朴葉をつかうので、時期に採取し冷凍保存し使用時に解凍すると言う処理がされるので、朴葉の香りはかなり下がり、香りを味わう朴葉寿司の美味しさは減少した。

朴の葉は、枝の先端に固まって着く。

またすし飯が熱いうちにつつむため朴葉の香りが引き出されると言う作り方がされていたものは、熱さで朴葉が変色して茶色となり見栄えが悪くなり、商品価値がおちる。一般の人は新鮮な緑の葉につつまれていることに美味しさを感じるので、それに対応するためすし飯を冷まして朴葉が変色しないようにしてつつむようになった。みた目が美味しさが尊重され、香りの美味しさが失われた。

商品となることは味を均一にすることである。万人が好む味であるが、万人が満足する味ではないと思う、と福田美津江は言う。

そして福田は、「本当の美味とは古来から、地域の気象条件、土地条件などより得られる産物を、その地域特有の方法で調理し、それぞれの家庭の味が加えられ、さらにそれに家族のためにこしらえる心のこもったものであり、その美味しさゆえに永く作り伝えられてきたものではないだろうか」と言う。

道の駅や農産加工品販売店で購入した地元名産の寿司などが、自分が考えていた味と異なるものであるのは、こんなところにあるのであろう。

二　香りの良い葉でつつむ餅菓子

木の葉でつつむ餅のはじまり

「もち」とは、ふるくは「餅（もちいい）」と言い、後世では「もち」と言う。糯飯とも書き、粘りある餅米を蒸してから、杵で搗いて作った飯が約されたものである。

西南日本の植生は、樟、樫、椎などを代表とする照葉樹林帯（常緑広葉樹林帯）である、ヒマラヤ南部から連続する照葉樹林文化の東の端となっているので、この文化の特徴であるモチ（餅）が稲作開始時代から連綿とつながっている。

餅は福のものと言われた。神仏に供え、また慶びときにもちいることが、わが国の古くからの風俗であって、正月元旦の鏡餅、雑煮餅からはじまって、三月三日の草餅、五月五日の粽と柏餅、一〇月亥の日の亥の子餅など、年中行事にはたいてい餅が賑わいにそえられた。

和銅三（七一〇）年に都が藤原京から平城京に遷されてまもない養老二（七一八）年ごろ編纂され、天平宝字元（七五七）年に施行された養老令には、宮内省の大膳職と言う役所に、主菓餅と言う官がおかれ、「菓子（〝くだもの〟のこと）と雑餅を造らしむ事」とされた。すなわち、朝廷用の各種の餅を作る役所が創設されたのである。それほど餅は、朝廷のいろいろな行事の際に、用いられ、重要視されていた食品であった。

餅には、小麦粉をつかったものと、うるち米や餅米を挽いて粉にし、あるいは糒を作り、つかったものと考えられている。糒は、米を一度煮たり蒸したりしてから、天日で乾燥させた飯のことである。食べるときには、水か湯につけて軟らかくした。出征や旅行のときの携帯食とされていた。

『日本食物史』（櫻井秀・足立勇共著　雄山閣出版　一九七三年）は、『正倉院文書』税帳および銭用帳から、奈良時代の餅を拾いあげている。それは、

大豆餅、小豆餅、煎餅、環餅、捻餅、浮餾餅、呉床餅

などである。

大豆餅と小豆餅は、その文字から豆餅であることがわかる。煎餅は「せんべい」と音読したらしい。これは小麦粉をねって固めたものを、油であげたもののようである。

平安時代になって、餅を椿の葉っぱでつつんだ「椿餅」があらわれた。真冬でも青々とした艶のある葉っぱをしげらせて、春には、真っ赤な大きな花をさかせる。その濃い緑色の葉っぱを下にしいて餅をのせ、さらにその上にも緑の葉っぱをのせたものである。シンプルながら美しい。

椿の葉っぱには香りはない。昔から広い葉っぱには、飯を盛って神や仏に供えてきた。

『万葉集　巻二』（佐々木信綱編　岩波文庫　一九二七年）に有間皇子がよんだ歌に、椎の葉に飯を盛る歌がある。

家にあれば笥に盛る飯も草まくら旅にしあれば椎の葉に盛る（一四二）

家にいるときは器に盛る飯も、今は旅の途中なので、旅の道中の無事を祈って道の神に捧げる飯も椎の葉に持っています、と言う意味である。

古代ではいろいろに木の葉っぱにお供え物を盛ってきたのである。その風習の中から、厳冬で持つややかな緑を保っている椿の葉二枚で、餅の上下をつつむと言う、新しい発想の食事方法が考えだされたのである。はじめは椿餅は間食として食べられていたようであるが、甘味をつけられていたので、嗜好品の菓子へと変貌していくのである。

『源氏物語』の椿餅

椿餅がはじめてあらわれるのは、平安時代の初期に著されて以降、一〇〇〇年を超えて現在でも愛読されている『源氏物語』に、腹をすかせた若者たちがむさぼるように食べる間食としてのものである。『源氏物語』若菜上の巻の、三月のうららかな春の日にわかい上達部たちが、蹴鞠に興じたあとの場面である。

> つぎつぎの殿上人は、簀の子に圓挫めして、わざとなく、椿餅・梨・柑子やうの物ども、さまざまに、箱の蓋どもをとりまぜつつあるを、若き人々、そぼれ食ふ。

箱や蓋にもられた椿餅、梨や甘い蜜柑などのさまざまな食べ物を、わぁわぁ騒ぎながら、戯れるように食べていたのである。

『源氏物語』の注釈書として知られている四辻善成の『河海抄』（本居豊頴・木村正辞・井上頼圀校訂　源氏物語古注釈大成第6巻　日本図書センター　一九七八年）の説明では、「椿餅　椿の葉に入たるもちゐなり云々　椿ノハヲアハセテ　餅ノコニアマズラヲカケテ　ツツミタル物ヲ　蹴鞠ノ所ニテ食スル也」と記されている。

『河海抄』は、餅の粉つまり餅米を洗ってから乾燥させたものを粉にし、練って団子に丸めたものに甘葛(あまずら)をかけたものを、椿の葉っぱでつつんだものだと説明している。菓子としてではなく、宮廷に出入りする貴族たちの間で、蹴鞠のような催し物がおこなわれたときに、軽食としてふるまわれたものである。甘葛とは、今日甘茶ヅルと言われるつる草の一種からとった甘味料のことである。

『河海抄』の言う米の粉に二通りある。一つは生米を粉にしたもので新粉(しんこ)とよばれ、もう一つは餅米を一旦蒸すなどして飯にしたものを乾燥させてから粉にしたものである。後者が今に言われる道明寺粉である。現在京都の菓子屋で作られる椿餅は、道明寺粉でもって餅生地(もちきじ)が作られ、小豆の漉し餡をつつみ、その餡餅の上下を美しい緑深い椿の葉っぱではさんである。

道明寺粉で餡餅をつつむ椿餅が、江戸時代になってからはじまった関西の桜餅の源流とされている。それでも椿餅は、今日では一般の人びとにはほとんど知られておらず、冬の茶席の菓子として登場してくるくらいである。

享保12（1727）年
御再興子日御遊之図所載の椿餅

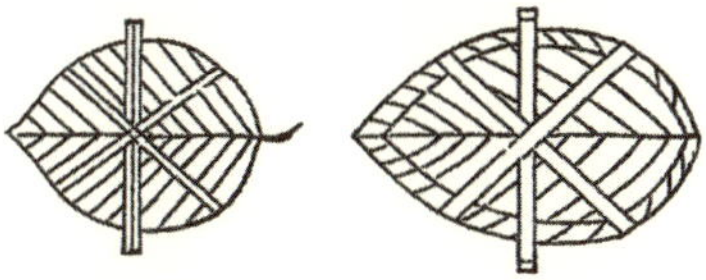

遊翁宗川の図せる所の椿餅

『古今要覧稿』飲食部「つばいもちい」に
載せられた椿餅の図

菓子と言うものは、もともと人々の生命維持のために食べる食料ではなく、味わい楽しむことを目的としている嗜好品である。木の葉っぱで菓子をつつむと言う方法は、平安時代に椿の葉っぱから始まっている。しかし椿の葉っぱには香りがない。江戸時代になると、国内での戦がなくなり、平和の時代が長く続くようになると、菓子にも良い香りのするものがよろこばれるようになった。江戸時代から、良い香りがする桜の葉や、柏の葉で餅がつつまれ、お菓子として高く評価をされるようになった。信州地方や飛騨地方に産する香り高い朴葉(ほおば)も、餅をつつみ、菓子として販売されているが、こちらの方はごく近年になってから生まれたようである。

木曽谷の朴葉巻き

良い香りの木の葉でつつむ餅菓子の歴史が比較的新しい朴葉巻きの餅菓子から見ていくことにする。

香り高い朴（ほお）の木の葉っぱで小豆餡（あずきあん）のはいった餅をつつんだ朴葉巻きと言うお菓子が、長野県の木曽谷では作られている。朴の木の葉っぱは、それぞれの枝の先端部分に、大きいところの幅が一〇cm以上で、長さは二〇cmからときには四〇cmにもなる大きな葉っぱが六～九枚も群がって着いている。枝の先端部を切り取ると、一度にたくさんの葉っぱを採取することができる。

木曽谷では山仕事や田畑の仕事で忙しくて、家で昼食がとれないときには、二枚の朴葉に飯とおかずをつつんだ朴葉飯を作ってきた。朴葉飯を応用して、米の粉をねった餅をつつむと美味しいだろうと考え、朴葉をつかったお菓子が作られるようになった。

特定非営利活動法人自然科学研究所の、木曽路の伝統食「朴葉巻き」と言うネット記事によると、朴葉巻きは昔の朴葉飯が発展したもので、米の粉をこねて皮を作り、中に小豆の餡をつつんで、それを朴葉でくるんで蒸しあげたものだと言う。木曽谷を代表するお菓子である。木曽谷では五月中旬から六月下旬にかけて作られる。

高冷地の木曽谷では、季節の行事が一ヶ月遅れとなるので、端午（たんご）の節句は六月になる。各家庭では、粽とともに朴葉巻きが作られ、道祖神（どうそしん）や代神様（しろかみさま）にお供えするのが習わしであった。朴葉巻きは月遅れの端午節句にはなくてはならないものとなっている。木曽谷では柏がそだたないため、柏の葉の代わりが朴葉となるのである。

なお道祖神は、ムラ（集落）へ災厄が侵入することを防ぐとともに、子孫繁栄などを祈願するため、道の辻に祀られている民間信仰の石神のことである。ムラ（集落）の境や道の辻、三叉路（さんさろ）などに、おもに石碑や石像のかたちで祀られ、ムラ（集落）の守り神、子孫繁栄、近世では旅や交通安全の神として信仰されている。全国的に広く分布しているので、各地でさまざまな名でよばれ、道陸神（どうろくじん）、賽（さい）の神、障（さわり）の神、幸（さい）の神またはさえのかみ、タムケノカミ、仁王（におう）

さんなどがある。

また朴葉巻きは初夏をしらせる季節の味覚であり、農作業にはつきものであった。田植え時の「お小昼（こびる）」（昼食から夕食までの合間に簡易に食べる食事）にも、欠かせないものとされていた。今日のような機械植えでなく、すべて人手で植えられるため一日や二日では終わらないし、家族も大勢いたから、各家庭では一〇〇個も二〇〇個も作り、田植え期間中のお小昼としていた。きつい仕事をするので、腹にたまり、日持ちがするようにと、朴葉巻きは今よりずっと大きく、堅く作られていた。昔の朴葉巻きは、今のように薄い皮で餡がたっぷりはいったものではなく、一口食べても餡にたどりつけないほど餡はすくなかった。

朴の枝先の葉の部分を切り取り、一枚ずつに小豆餡入りの餅をくるむのが、木曽谷の作り方

朴葉巻きはできあがると、ザルに並べたり、竿に干したりして水分をとばし、食べるときには焼いて食べるのが一般的であった。焼いたときの朴葉の香ばしさや、かむと米粉の甘みがじわっとでてくる。そのため木曽出身の人がなつかしむのは、今各地で売られているような柔らかい皮のものでなく、堅い皮の朴葉巻きのことだと言う。

上松（あげまつ）町は木曽谷のほぼ中ほどにあたっており、名所の寝覚ノ床をはじめ、樹齢三〇〇年を超えるヒノキの大木が文字通り林立する赤沢自然休養林は平成一三（二〇〇一）年に環境省の「かおり風景一〇〇選」に、平成一八年には林野庁の森林セラピー基地に指定されている。木曽地方の朴葉巻きの作り方を、JA（農協）長野県がJA木曽女性部役員から取材し、ネットに「伝える・おらほの味　香りがそそるほう葉巻き」として掲載しているので、要約して紹介する。

朴葉巻きの朴葉のよみは本来「ほおば」であるが、木曽ではふるくから「ほうば」と称することが多い。木曽では朴の大きな葉で物をつつむことから、包む葉と言う包(ほう)の葉と称するようになったといわれている。木曽地方の朴葉巻きの由来は、平安時代末期に信濃源氏の一族であった木曽義仲の時代に、戦いに出陣するにあたって、朴葉に味噌や米をつつんだことと伝えられている。

朴は五月から六月に枝先にでている数枚の大きな葉の中心から、チューリップ状の大きな白い花をさかせる。このころの葉っぱは、若葉からすこし固くなってきていて、蒸しても餅にはりつくことがない。朴葉巻きにする葉っぱは、一枚ずつにせず、枝についたままにしておく。

朴葉巻き三〇個作る材料のめやすは、米の粉（上新粉）一kg、小豆あん七五〇g、熱湯八〇〇cc、朴葉三〇枚、い草三〇本である。

小豆あんは煮て冷まし、二五gずつ、楕円形にまるめる。米の粉はこね鉢にいれ、熱湯をそそぎ箸でばやくかきまぜ、熱いうちに両手で良くこねる。練り上がった生地を四五gずつにわけ、丸めて楕円形にのばし、生地のまん中にあんをのせ、生地をまわしながらあんをつつむ。朴葉は餅をつつむまえにすこし湿らせておくと、葉につきにくくなる。朴葉で餅をつつんだあと、い草でしばり、蒸し器で二〇分ほど蒸すとできあがる。蒸し上がった朴葉巻きは、少し冷ましてから食べる。蒸したてよりも、翌朝までおいたほうがおいしいと地元の人は言う。

朴葉巻きは長野県下では、木曽郡の六町村、松本市奈川、塩尻市楢川、飯田市上村、伊那市西箕輪、下伊那郡平谷村・阿智村・売木村と言う地域で作られており、無形民俗文化財として認められている。なお奈川と楢川は平成の大合併までは木曽郡域であるので、朴葉巻きは木曽谷のほぼ全域と伊那谷の一部と言う地域で作られると言うことになる。

岐阜県の朴葉餅と端午の節句

岐阜県でも餅を朴葉でつつんだお菓子が作られている。ただ、長野県側では朴葉巻きと言う名前で呼んでいるのに対し、岐阜県側は朴葉餅となっている違いがある。木曽谷から一つ山をこえ、裏木曽とよばれている恵那郡加子母（かしも）村（現中津川市加子母）では、皮を作る材料が木曽とおなじように米の粉である。餅の作り方に一度蒸しと、二度蒸しと言う二つの方法がある。二度蒸しは、米の粉をまぜて熱湯でこねてねり、適当な大きさにわけて蒸し器で蒸す。箸でさしてくっついてこなくなったら取り出し、ねり鉢かボールで砂糖を加えて良くこねる。

こねあがったら餅生地をいったんは団子状にしてから、それを平らにし、まん中に餡子を入れ、この生地を二つ折りにして閉じる。これを朴葉で巻いてもう一度蒸して出来上がりである。この二度蒸しで作る方法を、加子母では「あねかえし」と言う。一度蒸しは、生地を蒸さずに朴葉でつつみ、それを蒸して出来上がりにするのである。

飛騨地方でも、お盆のとき朴葉餅が作られる。お盆なのでご先祖にお供えするとともに、近所や親せきに配る。この餅は蒸した餅米を臼にいれ、杵でぺったんこ、ぺったんことついた餅である。餅がつきあがると、丸くちぎって一枚ずつにわけた朴葉のうえに乗せて朴葉を折りたたんでつつむので、朴葉のかたちが半月形となる。熱い餅を朴葉でつつんだ瞬間、朴葉の香りがひろがり、なんとも心地良いと言われる。

朴葉につつまれた餅は、餡子はもちろん何の味もついていない生餅である。食べるときは、つつんだ朴葉が焦げるくらい焼き、餅が膨らんでくると朴葉がきれいにはがれる。餅に朴葉の香りがついていて、森林浴をしながら焼餅を食べるような心地がすると言う人もいる。

焼けた餅には、醤油、海苔巻き、きな粉など、お好みの味付けで食べる。

五月五日は端午の節句で、子どもの日として祝日とされている。この日世間では、柏餅や粽を食べる風習がある。柏餅とは、平たく丸めた上新粉で作った餅を、柏の葉っぱやサルトリイバラの葉っぱでつつんだ和菓子である。

柏の葉っぱ。大型の葉なので食べ物をつつんだ。

なお上新粉とは、うるち米を精白し、水洗いしてから乾燥させ、少量の水を加えて粉にしたものである。その粉をふるいにかけて、細かい粉の方を上新粉と言い、すこし粗い粉のほうを並新粉と言う。上新粉は上等な新粉に由来する。風味や歯ごたえがもとめられる生菓子類などにつかわれる。

柏餅は、柏の葉でつつまれるところから由来した名前であるが、それ以前から柏が生育していない地域では、サルトリイバラの葉っぱでつつむ餅があり、その地方の方言名で名前を呼ばれていたが、柏餅の名前の普及にともなって、サルトリイバラ包みのものも柏餅としてみとめられるようになった。

柏とは、ブナ科コナラ属の落葉広葉樹で、山野に自生しており、しばしば人家に植えられている。幹は直立してふとい枝をだし、大形の葉がおおく付く。大きいものは高さ一七m、径六〇cmとなる。牧野富太郎は、「カシワ」の名前の由来を『新牧野植物図鑑』(北隆館一九六一年)の中で、「日本名〝カシワ〟は〝炊葉(かしわ)〟の意味で食物を盛る葉と言うことである。昔は食物を盛る葉はすべてカシワと呼んだが、今日では本種のみとなった」と説明している。

炊葉の名前の由来を牧野は食物を盛るものからきたとしているが、湯浅浩史は『植物と行事　その由来を推理する』(朝日選書四七八　一九九二年)で、江戸時代の『松屋叢考(まつのやそうこう)』(一八二六年)がすでに「上古には甑(こしき)の中途のくびれた部分に葉を敷いて、その上に米などを載せ、下部に入れた水を熱して蒸気で蒸し、調理した。そのときに敷く葉が炊葉である」と看破(かんぱ)していると述べている。

そして湯浅は、柏に限らず広い葉が、古くから食物を包んだり、盛るのにつかわれたことは、さまざまな事例から知られる。こうした柏の葉を利用したかしわ餅は、端午の節句の行事食として現代にのこる、と記す。柏の葉っぱは広く、しっかりとしているし、香りもあるから、朴の木の葉っぱとならんで、格好の食物を盛る材料となったのである。

端午の節句は、もともとは中国の風習で、中国では五月五日は奇数の「五」がかさなる悪月とされ、厄除けのため菖蒲や蓮を門（かど）にさし、菖蒲をひたしたお酒をのんで、厄除けや健康祈願をしていた。その風習が奈良時代に日本につたわってきていた。中国では、奇数の数字は悪いと考えるのであるから、奇数が重なる月日は悪月悪日の最たるものとされていた。

それに反して日本では奇数は陽数として縁起の良い数なので、奇数がかさなる月日を、「節句」の日と定めた。一月七日を人日（じんじつ）の節句、三月三日を上巳（じょうし）の節句、五月五日を端午の節句、七月七日の七夕（しちせき）の節句、九月九日の重陽（ちょうよう）の節句とさだめた。さらに江戸時代になってから、武家政治の中に宮中文化をとりいれようとした江戸幕府は、これらの節句を重要な年中行事として「五節句」と制定し、年中行事の中に組み込んだのである。

江戸期の柏餅の作り方

武士のあいだでは五節句の中でも端午の節句は、縁起の良いものとされ、江戸時代には男の子の誕生と成長を祝うものとして定着していったのである。柏の葉っぱで餅の両側をつつむ柏餅は、徳川九代将軍家重から一〇代将軍家治のころ、つまり延享二（一七四五）年から天明六（一七八六）年のころ、江戸で生まれたと言う説もあるが、筆者は確認していない。

柏の葉は、秋には茶色に変色して枯れてしまうが、他の樹種のように秋にも冬にも落葉せず、春になって新芽がでるとき落葉し、新芽と変わる性質を持っている。クヌギも同じ性質がある。筆者が昔勤めていた大学の構内で、四階の教養部長室から見える庭にクヌギ（橡）の一〇年生くらいの若木があった。春先ごろ、庭木を管理する部署に教養部長から、庭に枯れ木が放置したままなのはみっともないので伐るなりして、処分してほしい旨の電話があったと言う話が伝わってきた。クヌギが春の新芽まで落葉しないことを、教養部長は知らなかったので、庭に植えられた樹木の枯葉がいつまでも枝についたままであるため、枯れ木だと思ったのである。一般的な教養はお持ちだが、樹木に関する面ではもうすこし勉強の余地がある教養部長であったと思われた。

枯れたふるい葉っぱは、新芽が出ると落ちるので、葉が途切れることがない。そこから武家社会で家系が途切れないと言う意味にとらえられ、「子孫繁栄」の縁起の良い木の葉だと縁起担ぎがされた。子供の成長を祈る端午の節句に、子孫繁栄と家系が途切れない縁起物の柏の葉でつつんで縁起の良い餅を食べると言う風習がうまれたのである。縁起の良い柏餅を端午の節句に贈物とする風習は江戸でうまれ、参勤交代で全国に広まっていったと言われている。しかし、その出典は未だ明らかにされていない。

喜田川守貞の『守貞謾稿　巻之二十七（夏冬）』（岩波文庫『近世風俗志　四』）は、五月五日の端午の節句の「粽並びに柏餅」のところで、関西と江戸の違いを記している。

> 京坂（京と大坂のこと）にては、男児生まれて初の端午には、親族および知音（ちいん）の方に粽（ちまき）を配り、二年目よりは柏餅を贈ること、上巳（じょうし）の菱餅（ひしもち）と戴（いただき）のごとし。
>
> 江戸にては、初年より柏餅を贈る。
>
> 三都ともその製（つくりかた）は、米の粉をねりて、円形扁平となし、二つ折りとなし、間に砂糖入り赤豆餡（あかずきあん）を挟み、柏葉、大なるは一枚を二つ折りにして、これを包む。小なるは二枚をもって包み蒸す。江戸にては、砂糖入り味噌（をも餡にかへ交ゆるなり。赤豆餡には柏葉の表を出し、味噌には裡（うち）を出して標（しるし）とす。

なお、京坂の上巳のときの戴とは、米の新粉をねってから楕円形に扁平にして、すこし中ほどを凹ませ、一方をつまんだような形をつけ、凹んだところに砂糖入りの小豆餡をつける。これを重箱にもったものである。いわば新粉餅に、小豆餡をのせたものである。この戴の大きさを、『守貞謾稿』は「大きさ図のごとし」と、図示しているが、岩波文庫版ではよくわからない。餡は扁平に伸ばした新粉餅の九分どおり覆っており、餅の部分は縁どりの幅くらい狭さになっている。

江戸時代も後期となった寛政（一七八九〜一八〇一年）ごろから国内の砂糖生産が本格的となり、やがて讃岐（現香川県）産の三盆白などは、中国産にも劣らないものになった。こうした条件のもとで練羊羹が創りだされ、現在の和菓子の顔ぶれはほぼ出そろうようになった。京・大坂・江戸と言う三都などの大都市には、すぐれた技術と設備を持つ菓子店があらわれた。

そんな流れの中で、菓子作りの専門書が刊行されるようになった。享保三（一七一八）年には、わが国最初の菓子製造専門書である『古今名物御前菓子秘伝抄』（鈴木晋一訳　教育社新書　一九八八年）が、京都の書肆水玉堂梅村市郎兵衛が刊行した。全一〇四種の菓子の作り方がおさめられており、柏餅は五六番目に記されている。

同書の柏餅の作り方は、「粳米の粉を絹篩にかけて湯でこね、塩味を付けた小豆を摺りつぶして、中に入れ、小さな卵形にして柏の葉で包み、蒸す」と簡略に記されている。

前にふれた柏餅が生まれたのは、一七四六〜八六年ごろ江戸であるとの説だが、『古今名物御前菓子秘伝抄』により、この説は誤りであることがわかった。

柏餅は端午節句の贈物

柏餅は前にふれた『守貞謾稿』のように、京・大坂・江戸と言う三都では、端午の節句には贈物とされていた。『日本食物史　下』は、「江戸では端午の日に柏餅を贈物にする風俗があり、これは寛文（一六六一〜一六七三年）以前から存した」と記している。

江戸時代の風俗を記し天保一四（一八四三）年に刊行した山崎光成著『世事百談』（日本随筆大成編輯部編『日本随筆大成新装版第一期一八　世事百談』吉川弘文館　一九九四年）の巻四は、端午の日に柏餅を贈るのは江戸のみであると、記している。

> 端午の日に、柏の葉に餅を包みて、互いに贈るわざは江戸のみにて、他の国にはきこえぬ風俗にして、しかもまた古き世のならわしもにもあらざるにや。ものに見えたることもなく、徳元の「俳諧初学抄」に、五月に季に見えず。かかれば、寛永の頃より後のことか。寛文年間のものとおもはるる「酒餅論」と言う冊子に「弥生は雛（ひな）のあそびとてよもぎの餅や、端午にはちまきのもちや柏餅、水無月はじめの氷餅や柏餅。延宝八年の印本の不卜作「俳諧向之岡」に柏餅の句あり、延宝九年の印本の言水作の「俳諧東日記」にも柏餅の句あり。

『世事百談』は、徳川将軍が四代家綱から五代将軍綱吉に交代した年にあたる延宝八（一六八〇）年の水巴の詠んだ俳句の「押しならべ両葉が間やかしわもち」をとりあげ、この句以前には柏餅の句がない。それだから句集に収められた柏餅の句がないこと、および季語に柏餅がないことから、柏餅のはじまりは延宝八年以前だとし、柏餅を贈物することについても考証している。

ネットの発信者は不詳であるが「広島の植物ノート　特集」と言うタイトルの記事で、「特集—Ⅳ　かしわ餅のまとめ」と言う記事があった。そこに、安立栗園（あだちりつえん）の『近世立志伝』の中の逸話として、江戸期の儒者（じゅしゃ）新井白石（あらいはくせき）と豪商川村瑞賢（かわむらずいけん）との間の柏餅の贈物についておもしろい話が載っていたので紹介する。足立栗園は、明治から大正にかけて、修養（しゅうよう）をといた本を数おおくあらわした人物で、この話は同書の第五・川村瑞賢の章にある。

河村瑞賢は江戸前期の商人で土木家、地理や土木技術にすぐれ、大坂の安治川・淀川・中津川の治水工事を施工し、また東回り・西廻り航路を完成させた。この功績により旗本に登用された。新井白石は江戸中期の儒学者で政治家、江戸生まれ。六代将軍家宣（いえのぶ）のとき、幕府の儒官となり、幕政に参与し、前代からの幣政（へいせい）を改めた。

新井白石がまだ浪人していた時期に、彼の人物を見抜いた川村瑞賢が援助しようとしたところ、白石はこれを断り、瑞賢との交際をさけるようになった。そのご白石の仕官（しかん）がかなってから瑞賢に使いを出し、「仕官できたので、これまでどおりの交際を願う」と申し入れた。瑞賢はよろこび、お祝いとして柏餅をこしらえて白石に贈った。

この話のように、江戸期の中ごろは、柏餅を贈物にするにつけても、それなりの理由が要ったと言うことが、当時は常識とされていたのであろう。

柏餅をつつむ葉っぱと餅の名称

柏餅とはどんな餅のことを言うのかについて、大槻文彦の『新訂 大言海』（冨山房一九五六年）は、「シンコノ餅ニ餡ヲ包ミテ、又、枯ラシタル柏ノ葉ヲ二ツ折リニシテ、包ミテ蒸シタルモノ。端午ノ節物トス」と定義している。この定義で言うなれば、米を粉にした新粉の餅に、餡をつつみ、柏の葉でつつみ、蒸したもの、と言うことになる。餡入り餅を柏の葉でつつみ、さらに蒸し上げると言う加工行為が必要である。柏の葉でつつんでなければ、柏餅と言えないことになる。

文部科学省科学技術庁資源調査会の「日本食品標準成分表二〇一〇年」における公的な柏餅の定義は、「こねた上新粉を蒸して搗（つ）いた生地で餡を包み、蒸してから冷まし、柏の葉で包んだもの」とされており、柏の葉でつつまなければ柏餅でないとなっている。

じつに柏餅の「かしわ」とは古代に食べ物を蒸すときに下にしいた「炊（か）し葉」のことで、柏の葉のみではなくて、数おおくの種類の植物がつかわれてきた。アカメガシワやツナガシワ（カクレミノとも言われる）などに、「炊し葉」

やはり柏餅が馴染み深い。

の名がつけられている。

実際に柏餅を包む葉っぱとしてつかわれているものは、全国的に見てもサルトリイバラの葉が最もおおく、ついで関東や東海地方を中心としたナラ類の柏、岐阜県などのホオノキ、神奈川県の〝ハリギリ〟などである。

地方によって餅をつつむ材料の種類が違っており、つつんだ餅の名前も異なっている。農山漁村文化協会発行の『聞書き　○○県の食事』から、柏餅をつつむ葉っぱと、餅の名前を拾い上げてみよう。次頁に「柏餅につかう葉の種類と餅のなまえ」と称して作表をした。全都道府県を網羅できていないことをお詫びする。

柏餅をつつむ材料の柏の葉も、サルトリイバラの葉も、地域の人びとが地域の風習として柏餅を作っていたときは、周辺の地域で採取することができた。今日のように菓子屋が商品として生産しているのが現状である。柏餅の大量消費を目的として大量生産がされるようになると、自然に生育している樹木から採取するには、おのずから生産量は限定される。不足分はどうするか言うと、ポリエチレンで柏やサルトリイバラに似せた人工葉をつかうか、輸入にたよることとなる。

財務省の「貿易統計」によると、柏葉もサルトリイバラ葉も大量に輸入されていた。平成二八（二〇一六）年一月から一二月までの総輸入量は、柏葉（乾燥したもの）は重量約六二九トン、価格は四億三七三七万円であり、サルトリイバラの葉（乾燥したもの）は重量約六一トン、価格は六一三九万円であった。輸入先は全部、中国である。

柏葉の輸入先は、現在は中国だけになっているが、過去には中国、韓国、北朝鮮、台湾から輸入されていた。サルトリイバラの方の過去の輸入先には中国、韓国、北朝鮮があった。北朝鮮は二〇〇六年の経済制裁で輸入ができなくなったが、その翌年には中国経由で輸入されものが摘発されている。菓子店やスーパー、あるいはコンビニで売られている柏餅の葉っぱは、輸入品である可能性が高い。

【表】柏餅につかう葉の種類と餅のなまえ

栃木県	かしわもち	柏の葉
茨城県	かしわまんじゅう	柏の葉（柏のない家は、茗荷の葉でつつみ茗荷餅とする）
千葉県	かしわもち	柏の葉
群馬県	かしわもち	柏の葉
埼玉県	かしわもち	柏の葉
神奈川県	かしわもち	柏の葉（足柄山間では、葉で包まず蒸す）
山梨県	かしわもち	柏の葉
静岡県（旧水窪町）	かしわもち	ほおの葉
兵庫県	かしわもち	サルトリイバラの葉（めめこ葉と言う）
鳥取県	かしわもち	サルトリイバラ（たたらぐい葉と言う）
島根県	かしわもち	サルトリイバラの葉
岡山県	かしわもち	サルトリイバラ・あべまきの葉（がごう葉）
広島県	かしわもち	サルトリイバラの葉（たたらごう葉と言う）
徳島県	かしわもち	サルトリイバラの葉（さんきらい葉と言う）や、につきの葉や、かしの葉（鳴戸地方では、ばらもちと言い、ばら（サルトリイバラの葉でつつむ））
高知県	しばもち	サルトリイバラの葉（しばの葉と言う）
香川県	しばもち	しば（かしわ）やばら（からたちとも言う。サルトリイバラ）の葉
愛媛県	かしわもち	サルトリイバラの葉（さんきら葉と言う）
福岡県	がめん葉まんじゅう	サルトリイバラの葉（がめ葉と言う）
大分県	かしわもち	サルトリイバラの葉（さんきら葉と言う）
宮崎県	かしわだご	サルトリイバラの葉（さるかき葉と言う）
鹿児島県	かからんだご	サルトリイバラの葉（かからん葉と言う）

①関東地方の柏餅

ここで各地の風習として、主として五月五日の端午の節句のときに作られる柏餅を見て行こう。農山漁村文化協会発行の『聞き書　茨城の食事』（「日本の食生活全集　茨城」編集委員会編　一九八五年）（以下、『聞き書　〇〇の食事』と省略する。〇〇に当該府県名を記載）から紹介する。

茨城県北部山間地帯の御前山村では、五月五日は単にお節句と言い、鯉のぼりを上げ、柏饅頭（かしわもち）、しんこ餅（食紅で点々と赤や緑の色をつける）を作る。柏は、枯葉が新芽の出るまで枝についていて、家の後継ぎが絶えないと言う縁起ものである。新しい嫁、婿は、柏饅頭、新粉餅のお節句礼を持って実家に帰る。

『聞き書　栃木の食事』によると、鬼怒川流域の上河内村今里では、端午の節句には柏餅を作る。ふつうは米粉で二升分、一二〇個くらい作り、二日も三日も食べる。初節句のあるときは祝い返しをするので五升ほどの米粉を用意する。柏の木は、何処の家にも一本ぐらいは植えている。柏の葉をちょっとちぎって餅をつつみ、蒸篭でふかす。葉の色が変わってくると、香りが餅にうつり、特有の香りが家中に広がる。

『聞き書　群馬の食事』によると、高崎市上豊岡では、五月五日は男の子の節句であり、初節句の家では大事な祝い事の一つである。どこの家でも近所の山から柏の葉を採ってきて、大きな柏餅を作る。嫁の実家へのお返しは、柏餅と干したら、赤飯である。柏の葉は、家に柏の木を植えておく家もあるが、たいていは近くの山にとりに行く。柏餅は、節句のお祝いをいただいた家に、お返しとして持っていく。

『聞き書　千葉の食事』によると、東京湾東岸のほぼ中央部に位置している富津市大堀では、五月の節句の折りに柏餅を作る。うるち米の粉を熱湯で練ったものを蒸してから搗いて餡をつつみ、柏の葉につつんで食べる。柏の木は縁起が良いので、どこの家でも植えている。北総台地の印旛郡八街（やちまた）町東吉田では、柏餅は月遅れの六月五日の節句に作る。粉を熱湯でこねて蒸し、一個分ずつにわけ、甘い小豆餡を入れてから柏の葉にのせ、二つ折りにして蒸す。柏

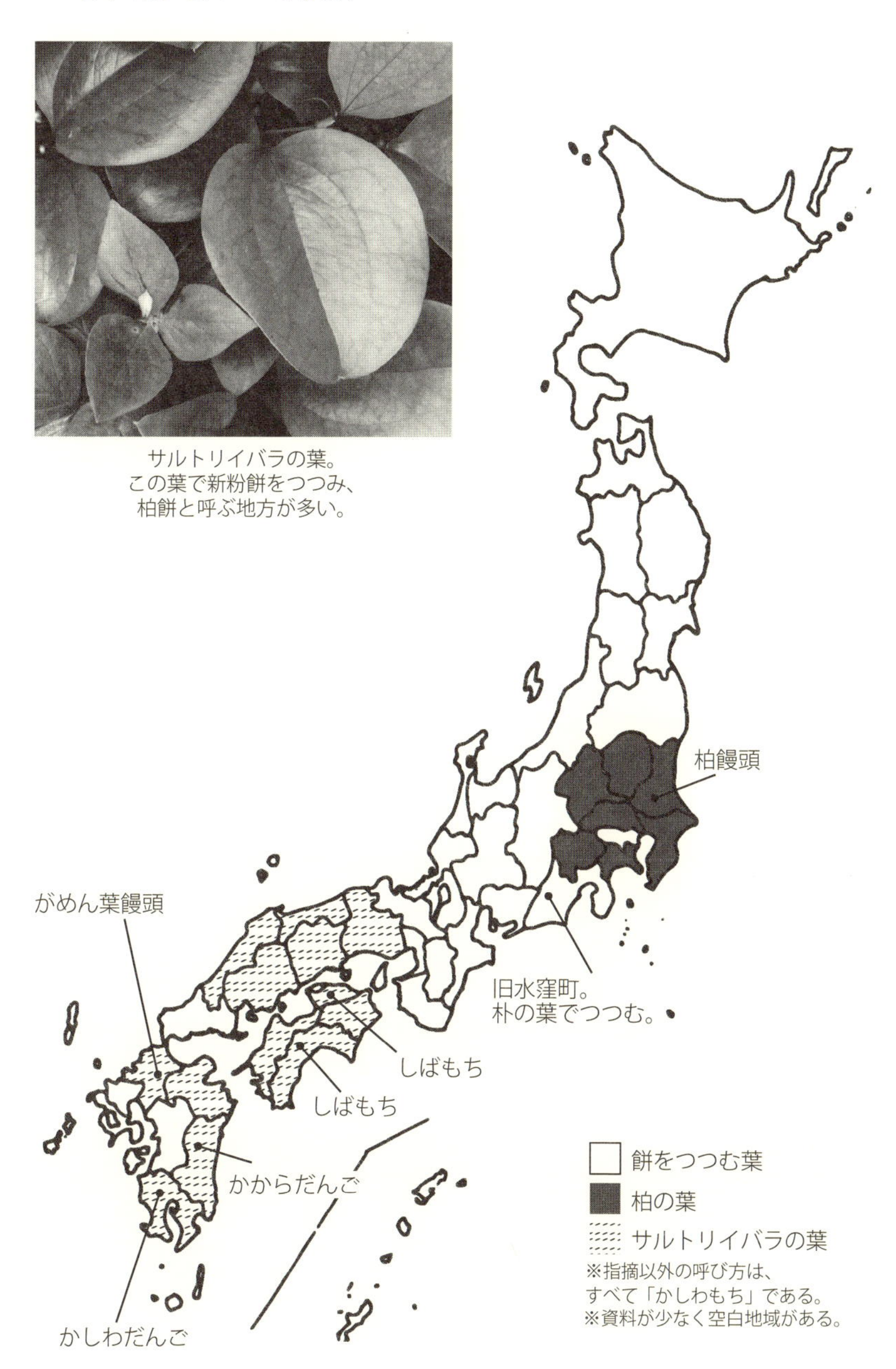

サルトリイバラの葉。
この葉で新粉餅をつつみ、
柏餅と呼ぶ地方が多い。

柏餅をつつむ、地域それぞれの葉っぱの違い

の香りと波形のへりが、ひとあじ趣をそえる。

『聞き書　埼玉の食事』によると、川越市幸町の商家宮岡家では、六月五日月遅れの端午の節句をする。菓子店の福呂屋から柏餅を買い、赤い塗りの平わんに二つ供える。柏餅はお配りにつかうので、毎年かなりの量を注文するが、初節句のときなどには六〇〇個になることもある。

『聞き書　神奈川の食事』によると、三浦半島の三浦市下浦町松輪では、五月五日は男の子の節句、柏の葉がないので近くの山からたなばら（とげのある木で、葉はやつでに似ている）の葉を採ってきて代わりにし、柏餅を作る。甲州裏街道の山村である津久井郡藤野町佐野川下岩では、端午の節句の日には柏餅を作る。柏餅は端午の節句だけでなく、この時期のお小昼（農繁期の間食のこと）に作る。柏の葉のないときには、葛の葉を利用する。この時期には、早生の柏の葉が大きくなっているので、山からたくさん採ってきて売ることもある。また柏の木の皮をむき、漁師の網を染める染料として売る。

②中部と西日本の柏餅

『聞き書　福井の食事』によると、福井県西部の京都府に近い若狭地方の中央部の村では、さつき（田植え）休みの「田な神祭り」には、どこの家でも柏餅を作り「田な神さま」に供える。柏餅は「田な神祭り」の子どもみこしが巡行しない村でも、野上がり休み、そぶ落とし（泥おとし＝洗濯休み）、はげっしょう（半夏生）など、さまざまな名の休みの一日を作って、嫁の親元や娘の嫁入り先など、それぞれの親類へ配る。

『聞き書　山梨の食事』によると、甲府市若松町の商家では、端午の節句には小豆餡や味噌餡の柏餅を買って、床の間の武者人形にお供えし、お昼飯の代わりに食べる。男衆は、柏餅を競争のように一人で三〇個も食べる人がいる。南都留郡足和田村西湖南では、柏餅は端午の節句の翌日の「六日しょうぶ」（屋根のふきかえ行事）の行事食として作り、家族で食べるほか、一升枡(ます)に入れて、日ごろつかっている農具に供えて感謝の気持ちを表す。

『聞き書　静岡の食事』によると、磐田郡水窪町（現浜松市）奥領家字大野大沢では、五月五日には柏餅を作るが、実際は「もろこしのかしば」と称している。もろこしの粉が材料で、まるめたものを朴の葉でくるみ、蒸したものである。五月の節句や盆には必ず作るが、ふだんでも食べる。

『聞き書　兵庫の食事』によると、竜野市神岡町横内では、月遅れの六月五日におこなう端午の節句は男の子の節句で、嫁の里から柏餅と、餅米を蒸した黒豆の煮豆を混ぜた白蒸(しらむ)しが餅箱に入れられてとどく。ここでの柏餅の材料は小米(こごめ)餅を、柏の葉を二つ折りにしてまいたものである。城崎郡香住町（現香美町香住区）境では、月遅れの六月五日の端午の節句には柏餅を作るが、柏の葉がすくないのでめめこ（サルトリイバラ）の葉で作る。多紀郡篠山町（現篠山市）奥畑の柏餅は、米粉によもぎをいれる。宍粟郡千種町（現宍粟市）西河内では、五月の節句には、神さんに供えるばたこ（柏餅）を供える。ばたこは五月の節句、野休み、八朔(はっさく)に作る。ばたこの葉を木のあるところへ行って採ってくるのは、子どもの仕事である。これはあらかじめ茹でておく。ばたこの葉は、夏にはうまぐい（サルトリイバラ）の葉や熊笹の葉をつかう。

『聞き書　鳥取の食事』によると、日野郡日野町舟場では、五月の節句にはどの家でも熊笹の若葉でつつんだ笹巻だんごと、たたらぐい（サルトリイバラ）の葉で餡入りのだんごをつつんだ柏餅をこしらえる。たたらぐいも熊笹も前もって採っておく。どちらも季節を味わう一年中でも、大切な行事の食べものである。柏餅は、たたらぐいの葉二枚、またはならの葉二枚ではさんで蒸す。

『聞き書　島根の食事』によれば、美濃郡匹見町（現益田市）下道川では、米粉の餅に餡をいれ、サルトリイバラの葉を両面につけ、蒸気で蒸して作る。泥おとし（田植えが終わった後の骨休め）やお盆、端午の節句などのハレ食に作り、近所にも配る。

『聞き書 岡山の食事』によると、真庭郡中和(ちゅうか)村(現真庭市)と苫田郡阿波(あば)村(現津山市)では、五月五日のしょうぶの節句には、どの家でも必ず柏餅を作る。米の粉団子に餡を入れ、柏、ぐい(サルトリイバラ)、がごう(あべまき)の葉でつつんで蒸し上げる。

③四国と九州の柏餅

『聞き書 徳島の食事』によると、板野郡土成(どなり)町(現阿波市)宮川内では、五月五日の男節句には男の子がいなくて女の子ばかりでも、ごちそうだけは作る。男節句の団子はを柏餅と呼ぶが、柏の葉ではなく、近くの山で採ってきたさいとりばら(サルトリイバラ、または「がりたち」とも言う)の葉で団子をつつむ。那賀郡由岐(ゆぎ)町(現美波町)阿部では、端午の節句には柏餅を作って男の子の、成長を願う。柏餅の葉は、阿部にたくさんあるさんきらい(サルトリイバラ)の葉か、肉桂の葉(ニッケイの葉)、かしの葉をつかう。那賀郡羽ノ浦町(現阿南市)古庄では、かしわの葉の代わりに樫の木の葉をつかう。二枚の樫の葉に餅をはさみ、こしきにならべて蒸す。五月のお節句、土用の入り、虫祈祷(きとう)のときに作って食べる。鳴門市鳴門町高島では、端午の節句にはばら餅を作る。山でばら(サルトリイバラ)の葉を採ってきて準備する。

『聞き書 香川の食事』によると、大川郡引田町(現東かがわ市)坂元では、旧の五月五日の節句には、粽、しば餅を作り、嫁の里の人たちを招き、ごちそうしてお祝いする。春から初夏に芽吹いたいばら(サルトリイバラ)の若葉を採ってきて、団子をつつんで蒸す。香川郡塩江町(現高松市塩江町)上西では、しょうぶ節句にはからたち(サルトリイバラ)の葉でしば餅(柏餅)を作る。綾歌郡綾南町(現綾川町)小野では、端午の節句にはしば餅を作る。麦うらし(麦刈り前の嫁の里帰り)には、嫁が里方をもっていく。しば餅は、おもにお祝いの餅として作るが、そうでなくても五月にはいると一度は「ねえさん(若嫁さん)、しばもちつくらんかぇ」と姑さんの声でしば餅作りがはじまる。子どもたちが山から採ってきた柏や、ばら（サルトリイバラ、または「からたち」とも言う）の葉でつつむ。

『聞き書　愛媛の食事』によれば、久万町（現久万高原町）上直瀬では、この地域では柏の葉は手に入らないので、さんきら（サルトリイバラ）の葉を山から採ってくる。米粉の練り生地で餡をつつみ、さんきらの葉を二つ折りにした中にはさむか、小さい葉は上下にあてて、蒸篭で蒸す。

『聞き書　高知の食事』によれば、南国市長岡三和では端午の節句に必ず作るのは、餅米とうるち米のしば餅（おまきとも言う）で、しば（サルトリイバラ）の葉でつつんだ餡入りの蒸し餅である。子どもは学校から帰ると、しばを採りに行かされる。しばが足りないときには、庭先の茗荷の葉でつつむが、良い香りがする。高岡郡佐川町荷稲（かいな）では、旧暦五月五日は端午の節句で、餅米粉をこねて餡をつつんだしば餅を作って祝う。しば（サルトリイバラ）の葉を山へ採りに行くのは、子どもたちの役目である。

『聞き書　福岡の食事』によると、北九州市小倉区では五月の節句の日には必ずがめん葉饅頭（柏餅）を作る。がめん葉（サルトリイバラ）が採れる七月ころまでは、田植えのたばこのみ（小昼）、さなぶりの日などにも、がめん葉饅頭を作る。がめん葉がなくなると、ミカンの葉、樫の葉を代わりにつかう。筑紫野市原（はる）では、夏の山ではさんきらい（サルトリイバラ）の葉が、大きく広がる。この葉を「がめの葉」と言い、これを採ってきて作る饅頭は、この季節のごちそうであり、行事があるごとに作る。

『聞き書　大分の食事』によると、日田市清岸寺の農家では、五月五日の端午の節句には、初節句の男の子がいる家では、粽や柏餅をたくさん作る。粽につかうよしの葉や、柏餅につかえるさんきら（サルトリイバラ）の葉は、裏山や花月川の川原から採っておく。柏餅は、だご（餅）を二枚の葉でつつむだけだから簡単である。

『聞き書　宮崎の食事』によると、児湯郡美々津町（現日向市美々津町）の農家では、五月の節句にはさるかき（サルトリイバラ）の葉をつかって、柏だごを作る。さるかきは近くの山のあちこちに生えている。柏だごは葉につつんであって扱いやすいので、五月の節句以外時にも作る。

『聞き書　鹿児島の食事』によると、鹿児島市大黒町では五月の節句が近づくと、あちこちであくまき用の竹の皮や、かからんだごにつかうかからん葉（サルトリイバラの葉）が売られるようになる。かからんだごとは、米粉に小豆餡と砂糖を混ぜて丸め、かからん葉でつつんで蒸したものである。川辺郡笠沙町（現みなみさつま市）片浦では、旧暦五月五日の男の節句にはかからんだごとふくれ菓子、煮しめを作り、一日畑の仕事は休む。かからんだごは、餅米粉と白砂糖をまぜてねりあわせ、半分は紅色のだごに、後の半分は白のだごにしてかからん葉（サルトリイバラの葉）につつんで蒸し、男の子の節句を祝う。

桜餅つつむ塩漬け桜葉

良い香りのする柏の葉っぱでつつむ端午の節句の節物（せちもの）の柏餅について、ながながと見てきたが、香りの良い葉っぱでつつむ餅の一つに桜餅（さくらもち）がある。この桜餅は、節句とのかかわりはなく、お菓子屋の商品として作られる和菓子である。

桜餅には作る原料によって〝関東風〟と〝関西風〟の二通りの桜餅がある。関東風の桜餅は、小麦粉で作った皮で餡をつつみ、あるいはくるんだりしたものを、さくらの葉っぱで包んだもので、ワッフルのような形をしている。関東風の桜餅は、作りはじめられたところを因んで「長命寺（ちょうめいじ）」とよばれている。

関西風の桜餅は、細かくくだいた糒（ほしいい）の道明寺（どうみょうじ）粉を蒸して作った皮で餡をつつみ、俵型（たわらがた）にし、桜の葉っぱを二つ折りにしてまいてあり、材料から採って道明寺と呼ばれる。

道明寺粉は、水に浸した餅米を干して乾燥させ、細かく砕いたもので、戦国時代から携帯食として伝わっていた。これを道明寺と呼ぶのは、河内国道明寺（現大阪府藤井寺市道明寺）で最初に作られたからである。

桜餅のはじまりについて『古今要覧稿』巻五六三・飲食部・つばいもちいの項は、「文化年中より江戸にても桜餅という物を作り出し、隅田川辺にてあきなふ家ありしが、このごろは所々に此餅を製すなり。桜の葉は隅田川の堤のをとりたくはへて置きて、用ゆるなり。餅さてその製法は、小麦の粉をねり、蒸し、餡をつつみ、かたちはかしは餅のごとくにこしらえたるものなり」と記している。『古今要覧稿』は桜餅のはじまりを文化年中（一八〇四五～一八年）としているが、桜餅ひとすじの店として江戸名物とされている桜餅店「山本」の創業は八代将軍吉宗時代の享保二（一七一七）年だと言うので、こちらの方が正しいのだろう。

桜餅店「山本」は、下総国（現千葉県）銚子から江戸向島にある長命寺門前に、長命寺の門番として住みついた山本新六が、餡子餅を塩漬けした桜の葉でつつみ、墓参りにくる人をもてなしたことがはじまりとされている。長命寺墓参の人は山元新六がもてなしてくれる桜餅の美味しさを口伝えにつたえ、長命寺の桜餅として、「食通ならずとも、せめて名前くらいは知らない者はない」と言われるほどの江戸の名物となっていった。

江戸名物にそだった桜餅をつつむ桜の葉っぱがどれくらい使われたのか、江戸後期の読本作家の滝沢馬琴は、文政八（一八二五）年の随筆集の『兎園小説』の中で記している。それによると桜餅店「山本」が文政七年には、一樽およそ二万五〇〇〇枚入りの桜葉漬けこみ樽三一樽、合わせて七七万五〇〇〇枚を仕入れていた。桜餅一個に二枚つかうので、餅数は三八万七五〇〇個となる。

一年で売り切るとすれば一日当たりにして、一〇六二個となる。一日一〇〇〇個を上まわる数の桜餅を売るのだから、大繁盛であり、名物となっていたことを物語っている。

関西風の桜餅の「道明寺」がいつごろから作られるようなったのかは、よくわからない。

桜餅をつつむ桜の葉は、オオシマザクラ（大島桜）と言う種類の葉を塩漬けしたものである。桜餅の香りは、葉っぱを塩漬けしているとき葉に発酵がおこり、クマリンと言う芳香物質がでてくる。

桜餅の香りの正体は、葉っぱの漬物から発するクマリンと言う物質である。生のままの葉では、あの香りはしない。

関西風の道明寺粉で作られた桜餅。

クマリンとは、桜の葉に代表される植物の芳香成分の一種で、バニラに似た芳香があり、にがく、芳香性の刺激的な味がする。クマリンは、シナモンの香り成分のシンナムアルデヒドや、コーヒーの香り成分であるコーヒー酸とともに、天然の香り成分としてしられている。クマリンには、抗酸化作用や抗菌作用、抗血液凝集作用がある。通常量では問題ないが、過量にとると肝毒性や腎毒性が心配されるため、日常、継続的に大量にとることは好ましくないと言われる。

桜の葉の漬物について鈴野弘子は「春を味わう　サクラにちなんだ食べ物」（『文藝春秋　特別版　第八一巻第四号』）でつぎのように言う。

日本人の知恵はすばらしく、あの独特の甘い芳香（桜餅の香り）を放つ桜葉は、長時間塩漬けすることによって創りあげられた。この香りの正体は、葉に含まれているクマリン配糖体と言う物質が酵素の作用を受けて変化したクマリンである。食用桜葉はオオシマザクラと言う品種で、塩漬け業者はこの葉でないと高い香りやあのべっこう色は出てこないと言う。葉が大ぶりで表面に毛が少ないのも食用に向いているのであろう。栽培農家によって手摘みされたサクラの若葉は、その日のうちにスギ製の三十石（直径が二mもある）樽に規則正しく並べられ、半年ほど塩漬けされて様々な食べ物に利用される。その中でも最も親しまれているのが桜餅である。

漬けられた桜葉がつかわれるものは桜餅以外に、塩漬け桜葉をそばに混ぜ込んだ桜葉そば、饅頭、カステラ、蒸しケーキ、羊羹、アイスクリームなどの菓子類に塩漬け桜葉が混ぜ込んである。どれも桜葉は塩抜きされているが、わずかにのこった塩味と、甘味、香りが三位一体となって絶妙なハーモニーを奏でると言う。すし飯をつつんだ桜葉寿司も作られると言う。

桜葉の生産地と塩漬け桜葉

桜餅につかう桜葉を生産しているところは、オオシマサクラの自生地である静岡県の伊豆半島の西側にあたる松崎町で、全国でつかわれる桜葉の約七〇%がこの町で生産されている。

松崎町の岩科（いわしな）川や那賀（なか）川沿いの山の斜面や、となり町の南伊豆町へとぬける谷あいなどで、桜葉生産を目的とした桜畑が作られている。桜畑は全国でもここだけと言う珍しい、桜葉採取用の桜だけを栽培している畑である。

桜畑の作り方は、はじめにオオシマザクラの種子をまいて苗を作り、二月から三月ごろにおよそ一m程度に成長した苗を畑に移植する。この畑を当地では桜畑と言う。移植するときに根元から二〇cmくらいのところで、幹やぜんぶの枝を切り捨てる。

二年目以降も、毎年二月前後の時期に、前の年に出た幹や枝をぜんぶ切断する。こうして切株（台木）から新しく芽吹いてくるヒコバエを育てるのである。

たくさんのヒコバエが出るが、桜葉の大きさをそろえるため、一株のヒコバエはふつう一〇数本に調節される。ヒコバエの幹は、葉っぱを採るため人の背丈くらいの高さとなっている。

毎年、地上から二〇cmあたりで切断されるため、その部分はしだいにコブ状になってくる。また毎年葉っぱをむしりとられるし、幹は切断されるので、一〇年くらいで台木の勢いがなくなる。衰（おとろ）えた台木は植え替えられる。

桜畑に一列にならぶ桜の台木の間隔は、およそ五～七〇cmで、その列の間隔は五〇～一〇〇cmくらいである。

桜畑の大きさは、山地に作られているので、平均して二〇〇～三〇〇平方m（二～三アール）のものがふつうである。

桜餅用の桜葉は、松崎町が約70%で、
伊豆半島全域で栽培されている。

松崎町内で約三〇ヘクタール、桜畑は伊豆半島全体にひろがっており、伊豆半島全体で桜畑経営農家は九〇〇戸をこえ、作付け面積は九〇ヘクタール以上に達するとされている。

桜葉の採取は、毎年五月から九月ごろまでおこなわれ、ヒコバエの新芽の先端部を中心にして、柔らかくて、病虫害におかされていない葉っぱを、一枚一枚ていねいに手でもぎ採っていく。それだから桜畑を持つ農家は、夏の間は忙しい日々を過ごすことになる。

摘みとった桜葉は、葉の大きさの違いによって三種類にわけ、正確に五〇枚を一束にして葉表をうち側で半分に折り、青萱の茎で結ぶ。三〇〇束程度を一つのカゴに入れ、加工場に運ぶ。

加工場では、桜葉の大きさをMサイズ、Lサイズ、Sサイズと言う三種類にわけ、四斗樽（七二リットル入り）一つに五〇〇束の割合にして、丸くならべながら束を積み重ねていく。そして濃度一八％の塩水を樽にそそぎこみ、木蓋をして、重石をのせて漬けこむ。

塩がすくないと水がくさり、色と香りが損なわれる。塩が多いと、香りがでない。塩加減が難しい。

漬けこんだ当初は、樽から桜葉がはみだしているが、一晩過ごすと重石の重みで、樽の木蓋がちょうどよい高さまでしずみこんでいる。桜葉は一週間くらいで発酵するが、その後も六ヶ月間は漬け込んだまま、熟成させる。樽を塩水でみたして密閉しておくと、保存の良いものは一〇年たっても、立派に桜餅がつつめると言われる。

桜葉漬物は、秋の一〇月から翌年の三月ごろにかけて、一〇束ごとに袋詰めし、それを一〇袋ごとに缶詰めにして出荷される。出荷先は、全国の製菓材料問屋や製粉問屋が中心で、そこから菓子製造業者にわたっていく。

出荷する桜葉のサイズは地域によって差があり、関東方面では葉の大きめなものがおおく、関西方面では葉の小さいのがおおいと言う。

第三章　樹木の香り利用と食事

一　香る木で作る調理用具と食具

まな板は魚の料理台から

日本食を調理する道具の一つにまな板がある。まな板とは、食物を食べやすい大きさに切るとき、台としてつかう道具で、その道具は日本では板であったため、その名がある。まな板の「な」とは「魚」のことである。魚のことを『古事記』（倉野憲司校注　岩波文庫　一九六三年）の時代から「な」とよんでいた。

『古事記』上つ巻の火延理命の「海幸彦と山幸彦」のくだりに、「ここに火延理命、海さちをもちて魚釣らすに」との事例がみえる。魚を「な」と呼ぶことを、他の「な」と区別するために、これに接続語の「ま」をつけ、「真魚」と呼ぶようになった。

真魚を調理する板と言う意味から「真魚板」と呼ばれるようになった。古くは、まな板は魚を調理するときにだけもちいることに限定されていた。魚にたいして野菜類は蔬菜とよばれ、これを調理するための台を「蔬板」とよんで、真魚板と区別していた。

別にまな板の「まな」は、「真菜」とする解釈もある。今日では「菜」は野菜類を言う言葉として用いられているが、かつては飯のおかずになるものはすべて「菜」とよんでいた。

いつの時代からかは不詳であるが、魚も菜もひっくるめて、飯のおかずとされるようになったあたりから、魚専門の調理台と菜専門の調理台と言う二つの台が調理場にあることが不便となり、いつしか魚も菜も同じ台でいっしょに調理するようになり、調理台が「まな板」と呼ばれるようになった。菜よりも魚のほうが貴ばれたのか、名称は真魚板と魚が付くほうだと説明される。

室町時代の一五〇〇年末ごろに成立したと言われる東京国立博物館蔵の『七十一番職人歌合』の五十七番

「包丁師」には、四つ足つきのまな板の前にすわって、包丁師が鯛を調理する姿が描かれている。なお『七十一番職人歌合』は、中世後最大の職人を題材とした職人歌合で、職人の姿絵と「画中詞」と呼ばれる職人同志の会話や口上も描かれているので『七十一番職人歌合絵巻』ともよばれている。

足つきまな板は、昭和にはいってからもみられたが、戦後の昭和三〇年代中頃からの家庭燃料のガス化にともない、調理の場が竈から台所の調理台の前に立って、食材を調理するようになり、まな板の足は不要となりきえていった。

まな板の漢字表記に「俎板」と言う方法もある。「俎」は一字だけでも、昔から「まないた」と読まれた。「俎」は古代中国の祭器のひとつで、いけにえの肉をのせる足つきの台のことを言うが、わが国ではいつのころからか、食材を調理する台が中国の祭器と同じように足つきの台であるところから、「俎」の字を「まないた」と読むようになっていた。またまな板は「俎板」とも書かれる。

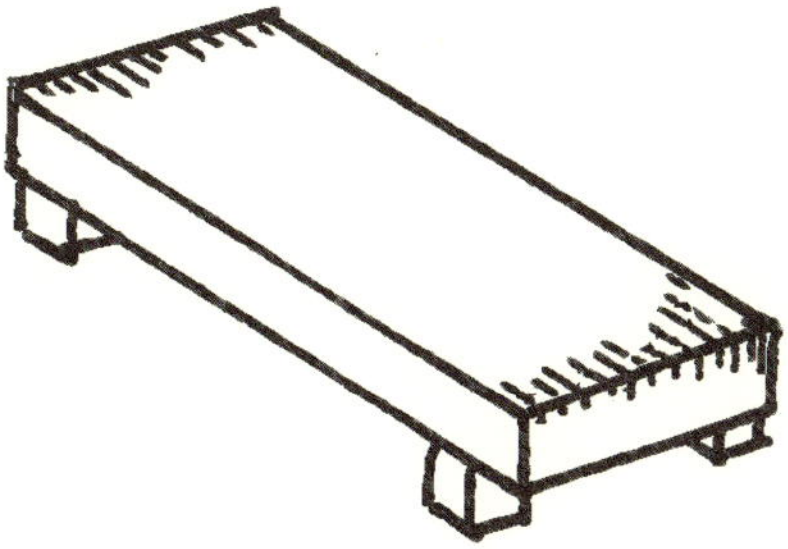

室町時代の1500年ごろ成立の『七十一番職人歌合』。五十七番の「包丁師」に見られるまな板の姿。板には厚い4つの足がついている。

別の説では、「俎」と言う漢字の偏が「肉」をあらわし、旁の「且」が台を示す字であるところから、肉を調理する台を意味すると言う。

まな板を台所に必ず備え付ける文化圏は東アジアで、箸使用文化圏とおおよそ一致していると、中尾佐助は『中尾佐助著作集　第Ⅱ巻　料理の起源と食文化』（北海道大学図書刊行会　二〇〇五年）の「第Ⅵ　台所の調理の文化　包丁とまな板」で記している。

これは孟子が「君子厨房に近寄らず」（君子遠房厨）と言って、厨房や屠畜場でしかつかわない刃物を食卓で使用することに反対したから、料理はあらかじめ厨房で食べやすいように一口大に切りそろえるようになった。それはまた箸でつかみやすい大きさであった。台所で切りそろえる必要から、刃物を受け止める台としてまな板の使用が、一般化したと考えられている。その地域が、箸を使用する地域とほぼ一致していたのであった。

現在の私たちは日本食以外に、中華料理、フランス料理、イタリア料理、インド料理、タイ料理など、ほとんど全世界の料理・食事を食べることができる時代に生活している。その中で、日本食を調理するにあたってはまな板が必ず使われている。日本食はまた和食(わしょく)ともよばれている。

平成二五（二〇一三）年一二月、「和食 日本人の伝統的な食文化」がユネスコの無形文化遺産に登録された。日本は南北に長く、四季が明確で、多様で豊かな自然があり、そこで生まれた食文化もこれに寄り添うように育まれてきた。このような「自然を尊ぶ」と言う日本人の気質にもとづいた「食」に関する「習わし」をユネスコは無形文化遺産とみとめ、登録したのである。

「無形文化遺産」とは、芸能や伝統工芸技術などの形のない文化であって、土地の歴史や生活風習などと密接にかかわっているもののことである。

その和食は四つの特徴を持っている。

第一の特徴　「多様で新鮮な食材とその持ち味の尊重」は、日本の国土は南北に長く、海、山、里と表情ゆたかな自然がひろがっているため、各地で地域に根差した多様な食材が用いられている。また素材の味わいを活かす調理技術、まな板や蒸篭などの調理道具が発達している。

第二の特徴　「健康的な食生活を支える栄養バランス」は、日本人の日常的な一汁三菜を基本とする食事スタイルは、理想的な栄養バランスだといわれている。

第三の特徴　「自然の美しさや季節の移ろいの表現」は、食事の場で自然の美しさや四季の移ろいを表現するこ

第四の特徴

とも特徴のひとつと認められている。

「正月などの年中行事との密接な関わり」で、日本の食文化は年中行事と密接に関わって育まれてきた。自然の恵みである食を分け合い、食の時間を共にすることで、家族や地域のきずなを深めてきたのである。

日本食はまな板と包丁から

まな板は前にみたように、ふるくは魚を料理する台からきており、日本料理はまた別に「魚の料理」ともいわれ、魚に対する儀礼的ともいえるあつかいがされ、魚料理を専門にする刺身包丁、出刃包丁、柳刃包丁、舟行(ふなゆき)包丁、身卸(みおろし)包丁などのさまざまな和包丁を生んだのである。そして包丁の鋭利な刃と相性の良いまな板を重宝するのである。

日本料理は魚でも野菜でもまな板の上にのせ、和包丁を食材におしあて、すうっと引いて切るので、板は薄くてもさしつかえない。

中華料理でつかう包丁は、大きくて四角い斧(おの)のような形で、頑丈なうえに重量があるので、叩きつけて分厚いブロック肉を切ることもできるし、骨なども叩き割ることもできる。古代中国では、木の切り株を調理台としていた。現在でも叩きつけて切るので、日本料理につかうまな板ではすぐに板がえぐれてしまうため、丸く分厚い切り株が、板としてつかわれている。

欧米での料理の食べ方は、肉類は大きくてもそのまま焼いたり煮たりしたものをそっくり食卓に出し、めいめいがナイフなどで切り取って食べる方式である。台所で食べやすいように小さく刻まない。またヨーロッパの家庭では、野菜や豆類は手に持ちナイフでそぎおとしたり、ハサミで小さくし下にうけたまな板（?）ごと持ち上げて、鍋に入れられるように、取っ手がついている。料理具材を小さくするための定型化した板を、常備している家庭はほとんどない。パン切り台やカッティングボードはあるものの、台所に必ず備え付けておくものではない。

こんなところが、まな板文化を持つ日本との違いとなっている。

日本食の料理は、まな板においた料理具材を、とくに魚を鋭利な包丁でさばき、切りそろえる仕事に携わる技術者が重要視され、板前などとよばれている。日本以外の国では、具材を切ると言う作業は単なる料理の一つの過程であり、その作業者が一定の名称を持って呼ばれることはない。日本料理では、鋭利な包丁とまな板に対する関心は高く、日本独特のもので、西洋料理や中華料理にはみられない特徴となっている。

板前（いたまえ）の「板」とは、まな板のことで、まな板の前で働く人、つまり料理人をさしている。板前の名称は、日本料理店や料亭（りょうてい）で日本料理を作る人のことで、家庭では日本料理を作っても板前とはよばれない。板前には役職的な地位をさす言葉として、板場（いたば）（料理場）を仕切る最上位者を花板（はないた）、または板長、立板、料理長とも呼ばれる。副料理長は次板（つぎいた）、または二番、脇板と呼ばれる。

板前はまた『七十一番職人歌合絵巻』の五十七番に描かれたように、「包丁師」あるいは包丁人、包丁者（じゃ）ともよばれている。『徒然草』（西尾実・安良岡康作校注『新訂徒然草』岩波文庫　一九二八年）の第二三一段には、「園（その）の別当入道（べっとうにゅうどう）はさうなき包丁者（じゃ）なり」とある。園の別当入道は、無双（むそう）（二つとないと言うこと）の包丁者つまり料理人であるとしている。なお、包丁人の「包丁」とは、もとは中国の有名な料理人の名前だと言われる。

『ブリタニカ国際大百科事典　小項目事典』（地球社　一九八四年）の「包丁人」の項目によると、

平安時代の貴族社会では、日常の食料は召使の者たちが料理したが、年中行事、一家の祝賀などの料理を作る際はもちろん、来客に料理を調達する際にも、その邸の主人みずから包丁をふるって客をもてなすことがあった。これは包丁さばきを一つの技能として興じたもので、やがてこれが包丁式（ほうちょうしき）にまで発展するようになると、その技を披露する包丁人も一家の主人とはかぎらなくなり、調理に堪能なものがあたるようになった。またその後、室町時代には大草派や四條流などの料理の流派もでき、その包丁人たちによって包丁式も一つの型の大成をみた。一方、料理そのものを職業とする者もあらわれ、これがやがて「板前」と呼ばれるようになった。

包丁式の「式」とは、『広辞苑』よれば一定の体裁、形状のことを言うが、また標準となるやり方・作法を説明している。包丁式とは、平安時代から伝わる包丁師によって執りおこなわれる儀式で、烏帽子、直垂、あるいは狩衣を身にまとい、大まな板の前にすわり、食材に直接手をふれず、右手に包丁、左手に真魚箸を持って食材を切りわけ、並べる儀式のことである。

包丁式のはじまりは、『生間流式法秘書』（生間正起編　五車楼　一九〇二）によれば、平安時代初期の貞観（八五九）元年、清和天皇の命により、食に式制をさだめ、式包丁・包丁式と言う儀式をさだめたとされている。また別の、明治初期に宮内省大膳職包丁師範をつとめた石井次兵衛著の『日本料理大全』（明治三一年＝一八九八年に出版。現在手にはいるのは、石井泰次郎校、著、清水桂一訳補　第一出版　一九六五年）では、藤原山蔭が鯉の包丁をしたことから、包丁式の切形（魚を切ったあとの身の並べ方）が始まったとある。なお、藤原山蔭は平安時代前期の公卿で、清和天皇のとき側近として蔵人や近衛少将を務めるかたわら、美濃守や備前守を兼任し、後に従三位中納言、民部卿を兼務した。

まな板の大きさと部位の名称

鎌倉時代から室町時代にかけては、武家社会が食物を調理し味をととのえる料理法を公家社会から受け継いだ時代で、料理法はそれぞれの社会での文化の一つである。公家社会から受け取った料理法は武家社会でも重んじられて、いちじるしく発達していった。これは料理の趣味が高位の公家社会から、武家を筆頭とする一般の庶民へと普及して

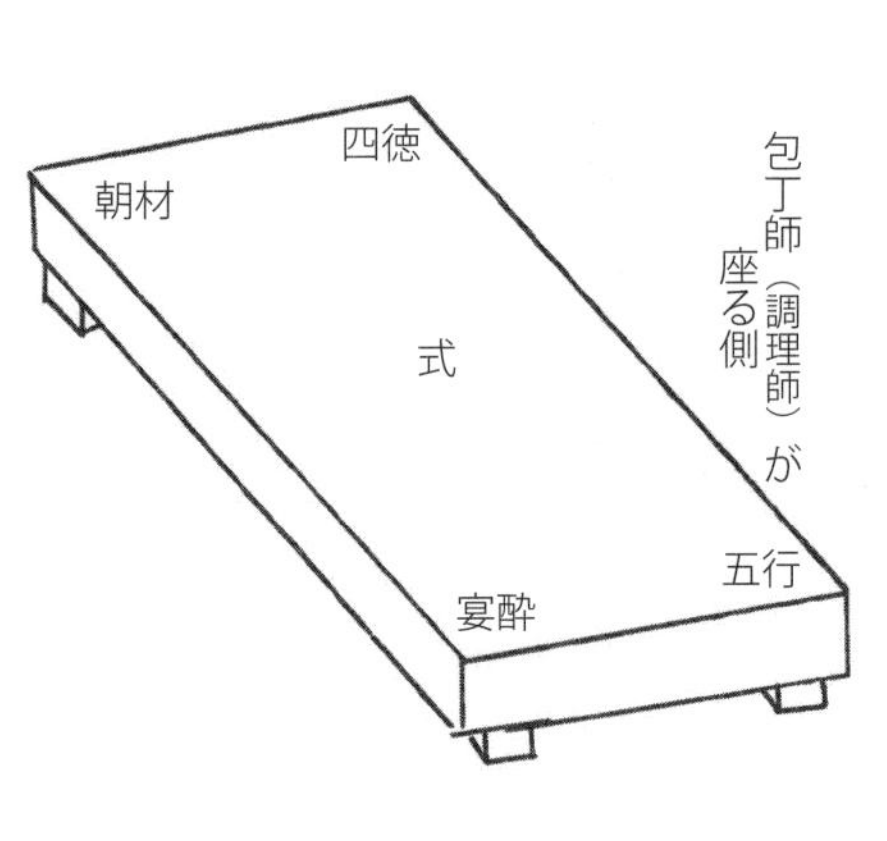

『四条流包丁書』における俎（まないた）の部位の名。

いったことを示すものでもある。

室町時代の末期ごろになって、料理のしかたについて、ついに秘伝などと称するものが考え出されほどの発達をみせた。たとえば包丁の流派として進士流、四條流、大草流などが見られ料理法の秘儀奥伝なるものを伝え、それを秘密にして貴んだのである。

料理の四條流は、NPO法人四條司家（しじょうつかさけ）食文化協会のブログ「四條司家の歴史」によると、四條流料理ひいては日本料理は、始祖とあがめられている四条中納言藤原山蔭からはじまる。平安時代初期の第五八代光孝天皇は四條家に深いご縁があったので、若いころから料理を作ったり、味わってきたので、料理に対する造詣がふかく、みずからも包丁をとって数々の宮中行事を再興された。

光孝天皇は料理する相手に、おなじ趣味を持つ藤原山蔭を選んでいた。山蔭は、天皇の考えにしたがい、そのうえ自分の工夫を加えて、平安料理道を確立した。それが四條流包丁、料理道の根源である。山蔭は宮中の料理法をおしえたのであるが、それは一般の臣下のものが利用できる料理の普及と指導を重点においたものであった。その頂点が「包丁儀式」である。足利時代の『四條流包丁書』によれば、式包丁は山蔭が鯉（こい）を包丁したところからはじまる。室町時代になると、四條流から四條園流、四條家園部流、武家料理を専門とする大草流、生間（いかま）流、進士（しんし）流などの流派が生まれたが、これらは統べて山蔭の流れをくむものである。四條家からは、おおくの包丁名人が生まれた。

四條家などの料理書には、まな板、包丁、箸などのあつかい方、配膳と食べ方、そのほか席上の儀礼などが述べられているが、これについて、それぞれの流派がうまれている。

まな板に関する四條流のものを、『日本食物史 上』からの孫引きあるが意訳して記す。

【俎のこと并びに所の名】

朝拝　四徳

式

宴酔　五行

俎尺の事（まな板の長さのこと）　金の定（曲尺（かねじゃく）による定め）

長さ　二尺七寸五分（八三・三cm）　広さ　一尺六寸五分（五〇・〇cm）

厚さ　三寸（九・一cm）　足の高さ　二寸五分（七・六cm）

足の広さ　四寸（一二・一cm）　足の厚さ　二寸七分（八・二cm）

足を付ける所は切口より四寸（一二・一cm）　平七分（二・一cm）　口伝あり

木は桧を用いること

一　俎のこと、八足というものなり。今も神前にある。その後四足を人間の□（不明の字）俎とよんでこれを用いる。俎の名所のこと、俎の面にあり。宴酔・朝拝・四徳・五行・式がこれである。厨（炊事場や台所のこと）を守る六星、この俎の五の名所におりて守護する。いま一つ名所を口伝（奥儀などの秘密を口伝えに教え授けること）として、これを当流に秘すること。仍て、名所にしたがって、切物を置くべき。上下のことはこれにあり。

このよう記されている。八足とは神具で、幣帛、神饌、玉串などをお供えする台のことを言う。八脚案、神饌台、八足と呼ばれる。材質は素木が基本で、とくに香りの良い桧材が好ましいとされている。俎の面の所の読み方と、その謂われ、および六星については、不詳である。

別の料理書である『包丁聞書』によるまな板の大きさは、長さ四尺三寸（一三〇・三㎝）のものを大板とし、長さ三尺三寸（一〇〇・〇㎝）のものを中板とし、長さ二尺八寸（八四・八㎝）のものを小板としており、幅はそれらにしたがって広い狭いがある。

まな板と鯉と包丁式

平安時代には、単に料理された食べ物の味を賞するばかりでなく、その料理ぶりの鮮やかさを賞玩することが行われていた。包丁の名人が、貴人の前でその腕前を見せるほか、高位高官の人がこれを練習し、その技に達することを誇りとする風があった。鎌倉時代にもひきつづき行われていたことが、『徒然草』第二三一段に記されている。藤原基氏が、その包丁の技を自慢するはなしである。

> 園の別当入道、そうなき包丁者なり。或人の許にて、いみじき鯉を出したりければ、皆人、別当入道の包丁を見ばやと思へども、たすくうち出でんもいかがとためらひけるを、別当入道、さる人にて「この程、百日の鯉を切り侍るを、今日欠き侍るべきにあらず。枉げて申し請けん」とて切らるる。

園の別当入道つまり藤原基氏は無双の包丁人として知られていた。ある人の下で見事な鯉を出された。集まっていた人たちは、別当入道の料理する包丁の腕前を見たいとおもっていた、と言うのである。

また鎌倉時代の一三世紀に橘成季によって編纂された世俗説話集の『古今著聞集 巻三』に、平安時代末期の保延六（一一四〇）年一二月一二日白河仙洞に行幸のとき、藤原家成が包丁をすべしと院から沙汰があったが、家成は辞退した。するとある殿上人が、鯉を彼の前においた。家成はしかたなく「勅命をまつ」と奏上すると、院もわたってこられ包丁をすすめられたので、家成は包丁式をとりおこなったと言う話がのっている。

このように当時は、海から遠い内陸の京都では、淡水魚の鯉は珍重されており、『徒然草』第一一八段に「鯉ばかりこそ、御前にても切らるるものなれば、やんごとなき魚なり」とみられていたのである。

まな板と鯉がからむ言い回しに、「まな板の鯉」あるいは「まな板の上の鯉」「俎上の鯉」がある。活きた鯉は、まな板の上に乗せられても暴れないことから、覚悟の良い魚とされ、「鯉は魚の侍」と言われるようになった。または細かくじたばたすることなく、一度だけ強く跳ねると言われる。

『広辞苑』で、まな板の上の鯉が料理されるのをただ待つしかないように、相手のなすがままで逃げ場のない境遇を言うように、抵抗できずあきらめておとなしくしている様子を指すときにもつかわれるようになった。

江戸時代後期に伊勢貞丈が著した有職故実書の『貞丈雑記』には、「活きたる鯉の跳ねる時には、目に紙を張り、尾をつつむなり。板の上にてはねる時は、尾を切りたるがよし。かようなことを知るを包丁人の秘事故事といふなりと、四條流献方口伝書にみえたり」とある。当時でも、まな板の上にのせられても、鯉は跳ねることがあり、包丁式にとりかかった包丁人は困ったことがあったのだろう。

まな板に乗せられてもおとなしくならない鯉を、おとなしくする方法があると言う。跳ねている鯉でも、鯉の横腹を包丁でなぜると動かなくなると言うのである。鯉の横腹には、水の流れや圧力を感じる器官の側線がある。この側線はとても敏感なため、刺激を与えると気絶する、つまりおとなしくなるのである。鯉以外の魚にも側線があり、刺激すると動きをとめられるのである。

またもや『日本食物史 上』からの孫引きであるが、「大草家料理書」に記されている包丁式の一部を意訳しながら紹介する。

包丁師がまな板によるときの体の姿勢は、まず魚を板木に向かって寄せ、両ひざをつき、箸と刀を一度とり、刃先で塩紙(しおがみ)をおさえて箸をぬく。ついでまな板の角(かど)を刀のむねで三度なぜ下ろし、ついで右のひざを立て左をしき、右ひざはまな板より六、七寸ほどしりぞき、左のひざ三寸ほどしりぞく。次に箸をとり、左手は内外(うちそと)に向けて中二つふせて、人差指で片方の箸をはさむ。つぎに魚をすくい、向こうのまな板の下におく。引刀(ひきかたな)で塩紙を一刀切って、半分刀の方をまな板より下、耳刀のもとにかき落とす。(以下略)

このように包丁式は、かなり面倒な所作(しょさ)が定められている。この面倒な所作で、箸と刀で、まな板の上の魚を切りさばいていたのであり、その所作を流れるようにおこなうことが、見ものであったのだろう。包丁式でのまな板は、包丁師が切る魚や鳥をのせる単なる台としての位置づけであった。

『木材の工芸的利用』のまな板材種

日本料理の主菜は新鮮な魚なので、それを調理するのだから、その切り口がなめらかであるほど、美味しく味わうことができる。そのため包丁の刃は鋭利であることが求められる。木材は、調理する包丁の鋭利な刃を受け止めるに適度な硬さと弾力があり、包丁の刃を痛めることがなく、さらに高い弾力性のため大きな修復力があり、高品質なものになると、少しくらいの傷なら、短時間で自然にふさがる。

また、ふるくからまな板が作られてきた種類の木は、香りがあり、その香りによる天然の抗菌作用にすぐれている。

傷ついた面は削りなおして、再生することは可能である。水分をたくさん含む食材を調理する際にも、木材は水と親和性があるのでまな板の中に水分は吸収されるので、刃物をいれるとき食材が滑るなどと言う不都合はおこらない。

このような調理する際の良い条件を持ち、森林国のわが国では木材は手にいれやすい素材であることから、木材は昔からまな板の用材とされてきた。日本のまな板の最古のものは木材で作られたもので、最もふるい記録は奈良時代とされている。

まな板用材とされる木の種類は、江戸時代においてはホオノキとヤナギ（バッコヤナギ＝別名ヤマネコヤナギ）とされていた。今日では、ヒバ（桧葉）、ヒノキ（桧）、イチョウ（銀杏）、カヤ（榧・栢）、ヤナギ（柳）、ホオノキ（朴の木）、キリ（桐）などとされている。

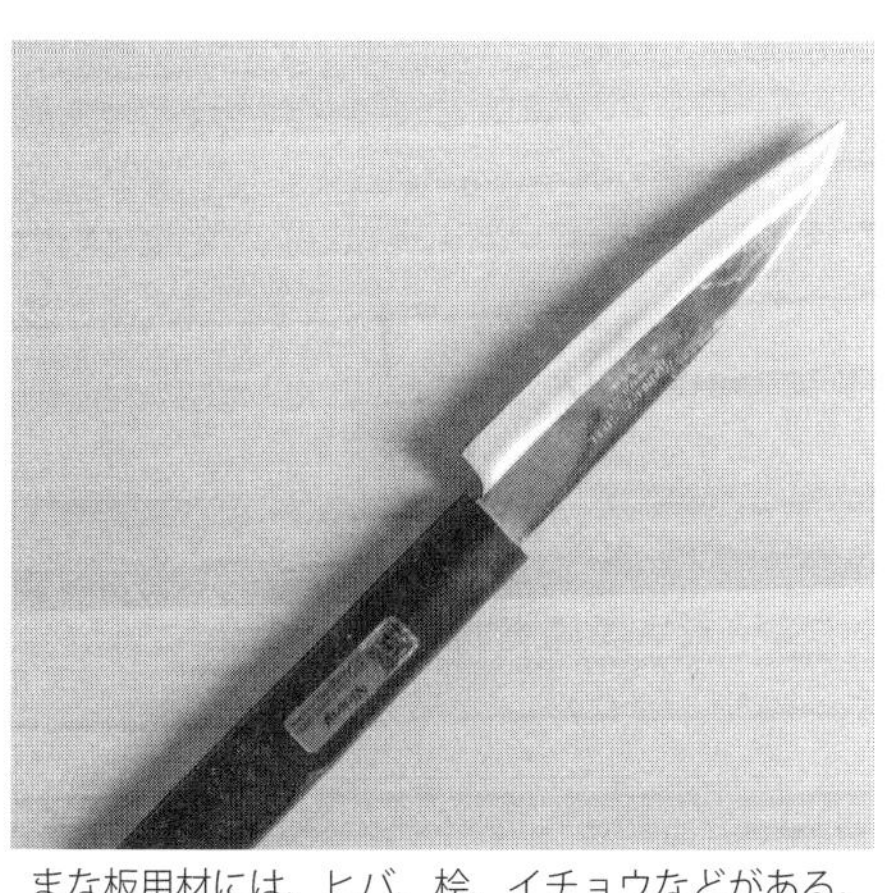

まな板用材には、ヒバ、桧、イチョウなどがある。
写真は桐材で作られたまな板と果物ナイフ。

現在、一般につかわれているまな板は長方形で、一枚板が多いが、中には集成材がつかわれているものもある。近世のように足はついていない。一般的なまな板の大きさは、長さ三〇～六〇cm、幅は一五～三〇cm、厚さは一～三cmとなっている。長さと幅については、台所の流し（シンク）の大きさの規格にあうように作られているものが多い。

前のところで触れた『四條流包丁書』にまな板の材は「木は桧を用いる可（べし）」とされているように、近世でも現代でも料理人は桧のまな板を推奨している。

明治末期に当時の農商務省山林局が、わが国における木材と竹材資源の有効活用を図るため、国内で利用されている数百種の木材と竹材製品について、その原材料の性質、処理法、製造法を詳細に調査し、『木材の工芸的利用』としてとりまとめ、明治四五（一九一二）年に大日本山林会から出版した。その第一章第一節第六項（五）裁縫板・俎板・蒲鉾台・蒲鉾板に適するもの、および第二章第四の一五裁縫板其の他の板類用材には、次のように記されている。漢字カタカナ文であるので、読みやすく漢字ひらがな文として記す。

（五）裁縫板、俎板、蒲鉾台、蒲鉾板に適するもの…刃物を損せざるものを要す。ホオノキを最上とす。裁縫板にはカツラを代用し、俎板には又ヤナギを可とす、ヒノキを用い、カツラを代用し、其の他モミ、トドマツをも用ふ。蒲鉾台はケヤキを以て作るも、其表面にはホオノキを付着せしむ。蒲鉾板はサワラ、モミ、スギなどを用ふるも、高等の料理にありてはホオノキを用ふ。然らざれば刀刃を損す。

一五　俎板、割烹用俎板にはヒノキの厚板に脚を付けてあるものなり。ヒノキは刃を損せず、物の移り香せず、多年使用後表面を鉋削すれば、再び新規のものの如くなる利あり。鰻屋用も亦ヒノキの小角材を用ふ。之れは刃物を損せず、針を打つに適し、且振動せざるだけの厚さを要する牛鶏肉屋用の幅広く、且長く厚き板を用ふ。然れども最上等はホオノキに限るというものあり。

このように、裁縫板も俎板も蒲鉾台と蒲鉾板もみなホオノキ材が最も良いと言っている。朴の木の材は、近世では日本刀や小刀の鞘の刃を傷めない材料として、長年月にわたってつかわれてきた歴史がある。またまな板の相棒となる和包丁の柄材の定番となっており、組合せの妙を感じる。

まな板用の木の種類とその特徴

『木材の工芸的利用』が言うように桧材で作られたまな板は、ほどよいやわらかさで包丁の刃に負担をかけないため、包丁をふるう人の腕への衝撃もなくやさしい。また適度な質感と硬さが、包丁や小刀の刃を長く保たせる。いわゆる包丁当たりが良いまな板である。桧材の特徴のひとつとして、さわやかな香りによる殺菌効果が高いので、食中毒防止に昔から効果を発揮してきたと言われ、利用者が多い。桧材の香りは、料理食材に決して移らないので、料理の邪魔をせず、適度に爽快さを感じる。

桧材は一般的には高級な材料とされており、強度や耐久性だけでなく、心材が淡紅色で、辺材はほとんど白色であることから、これを台にして調理するときに清潔感をおぼえる。

また、桧の植林地は杉についでおおく、継続して植林地が伐採されるので、材料供給が年々ひき続いてなされるので、材料が比較的安価に手にいれやすい。しかし、天然の木曽桧材のまな板を求めようとしても、高価すぎるし、供給量がわずかなので、入手は困難である。また各地の、静岡県の富士桧、岐阜県の東濃桧、奈良県の吉野桧、岡山県の美作桧などのように、ブランド化した桧材は比較的高価であると言う欠点もある。

銀杏材のまな板は、材が適度に柔らかく、弾力や復元力も優れている。銀杏材のまな板は、刃当たりが良く、大事な包丁の刃を傷めないので、料理人には愛好者が多い。板も包丁の刃があたった傷が残りにくく、まな板自身も長持ちする。材の色もほとんど白色で、滑らかで、木肌も魅力的である。鶏肉屋のまな板としてつかわれる。

材に適度な油分があるため水分の多い食材を刻んでも、水はけが良いので、食材の臭いも残りにくい。表面の乾きがはやく、汚れもつきにくいので、衛生的である。フラボノイドが含まれているので、まな板に食材の臭いがのこりにくく、また銀杏の木は香りがすくないので、食材の風味を損なわない。

しかし、アオと言うカビの一種からの青変が発生しやすいし、使い始めて後の黒ずみがやや出やすい。銀杏独特の油分が表面に浮きでてくるので、見た目がわるくなる。銀杏材の臭いに好き嫌いがあり、とくに雌木のものはかなり臭いがきつい。そして材に反(そ)りが出やすい、小さな節穴が多いと言う欠点がある。銀杏には植林地がないので、ときおり街路樹や公園樹が伐採されるときだけに木材とされるので、材の供給量はほんのわずかなため入手困難であるとともに、高価であると言う欠点がある。

朴の木のまな板は、『木材の工芸的利用』が高く評価しているところである。材は精緻なうえに、軽軟（けいなん）で工作がしやすく、狂いもすくないので、裁縫板や和風家具指物（さしもの）、まな板などにつかわれる。また材に樹液や脂（やに）をほとんど含まないので、金属に触れても金属に銹（さび）を生じさせないと言う特徴を持っている。

朴の木材は、水気に強く水切れが良い。ある程度繊維が柔らかく、包丁とうまく合致して、刃を傷めない。材にある程度の硬さがあるため、固い食材を切るときには良い。

朴の木の材は、心材と辺材の区別があり、辺材の白太（しらた）の部分は水湿に大変よわく、腐食が進行しやすい。また、やや硬い樹種なので、面が痛んでも削りなおしができないと言う欠点がある。

桐（きり）材は軽軟で木理や材の色が雅であるところから、かつてはタンスや長持ちなどの家具用材として用いられてきた。まな板の材としてもつかわれることがあるが、非常に軽く扱いやすい。価格も比較的安価とされている。

しかし、まな板とするには余りにも柔らかすぎるので、包丁をつかって調理するとき、包丁の刃で表面が傷つきやすい。また全体的に非常に腐食しやすいし、黒ずみが発生しやすいと言う欠点がある。

柳の材を『木材の工芸的利用』は、精緻な材質を持つことから、まな板、張板、碁盤に用いられる、としている。柳とは、ヤナギ科ヤナギ属の総称であり、わが国には約九〇種が自生しているとされているが、交配しやすい樹木で雑種をふくめるとどれくらいの種の数があるのか、専門家でも分かりかねるといわれている。代表的なものに枝垂れ柳、絹柳、猫柳、川柳、大葉柳などがある。

現在まな板としてつかわれている柳は、北海道産の大葉柳（別名トカチヤナギ）で、高級まな板の材料として利用されている。しかし、葉のかたちが似ているばっこ柳（別名ヤマネコヤナギ）と間違われたまま、流通している。ヤナギ属の種の同定（どうてい）は難しく、正確には花を顕微鏡をのぞいて、詳細に調べる必要があると言われている。板に製材されたものでは、どの種のものかの区別は困難である。したがって、どう言う種から作られたまな板と明確に区別して見ても、ほとんど差異がないので、総称名の柳材製とするのが妥当と考える。

「ネコヤナギのまな板」との名称で販売されているものがあり、このことにたいして、猫柳は低木でまな板を作るほど太くならないため、「聞こえのよい猫柳の呼称を勝手につかっているのであろうか。いずれにしても、誠実さに欠ける信じがたい行為である」と怒る人もいるが、柳材のまな板だと言うことで、商品名だと理解してあまり目くじらを立てないのが良いと考える。

柳材は、材の色が白く清潔感がある。材質が少しやわらかいので、包丁当たりが良く、料理人の愛好家が多い。材に復元力があるので、まな板に向いている。しかし、まな板の中では、柳材の価格は最も高価である。木口から水分をおおく吸い込むので、腐食が進行しやすい欠点がある。

すりこ木とすり鉢

食物を細かな粒子状に砕いたり、ペースト状にすりつぶすと言う調理法がある。この調理につかう器具が、すりこ木であり、すり鉢である。円錐形状の陶器の内側に櫛目（くしめ）と言う放射状のみぞがつけられ、効率良く作業ができる器具がすり鉢である。そのすり鉢に入れた食材をすり潰したり、固まったものを砕いたりするためにつかう棒のことをすりこ木と言う。すりこ木は、擂粉木、擂り粉木とも書かれる。すりこ木は西日本ではれんぎ（連木）と言われる。

現今では、すり鉢やすりこ木の「すり・する」が「お金をする」につながるので忌み言葉として嫌われ、「当たり」や「当たり棒」と言われるようになった。そのため、すり鉢に入れた食物をすりこ木でする行為を、「当たる」と言うこともある。さらに、たとえばすり胡麻（ごま）のことを「当たり胡麻」ともなど、すり鉢とすりこ木をつかってすって調

筆者宅のすり鉢とすりこ木。
すりこ木の材料は桧である。

理した食物をしめす意味として、「当たり〇〇」と言う言葉が用いられるのである。また烏賊を干して加工したものをふるい時代から「するめ」と言ってきたのだが、これも同じ理由で「当たりめ」と呼ばれるようになった。

ついでに、人にへつらうことを意味する「ごまをする」と言う言葉について考える。「胡麻を摺る」と言う本来の意味は、栄養分ゆたかな胡麻であるがとても小粒なので食べるとき、わずかしか歯ですりつぶすことができず、丸呑みになるのでほとんど無駄になる。栄養分の吸収のためには、すりつぶす必要がある。胡麻は炒った方が香りが良いので、炒ってからすりつぶすのである。炒った胡麻をすり鉢にいれ、すりこ木ですりつぶすと、あちこちに胡麻がくっついた状態になる。

すり鉢の中の胡麻をすりこ木ですり潰している時に、胡麻があちこちにくっ付く状態を、人にへつらう意味としてもちいるようになったのである。「胡麻をする」「ごますり」とは、へつらって自分の利益を計ること、またその人のことを言う。「へつらう」とは、人の気にいるようにふるまうことを言う。

「胡麻をする」の言葉の意味が現今のような意味になったのは、江戸時代後期あたりであったようで、この頃大坂から江戸にでてきて江戸の街を見た歌舞伎狂言作者で、考証家でもある大坂の西沢一鳳が著した『皇都午睡』（嘉永三年＝一八五〇年自家版）にみられ、「追従するをおべっかといひしが、近世、胡麻を摺ると流行詞に変名しけり」と記されている。このように「胡麻をする」は江戸からはじまり、当時かなり流行していたことがうかがえる。

すり鉢の原形は中国の宋の時代に見られるが、多数の櫛目を付けたすり鉢は日本の備前焼にはじまる。すり鉢が描かれているふるい資料は、平安時代末期から鎌倉時代（一一九二～一三三一年）初期ごろ描かれた作者未詳の絵物語の『病草紙（やまいのそうし）』（国宝・京都国立博物館蔵）に、すり鉢をつかう女性がみえる。約八〇〇年前には、すり鉢とすりこ木をつかって、食物を調理していたことがわかる。

遺跡から出土したすり鉢の実物年代は、鎌倉時代中葉から後半、すなはち一三世紀末から一四世紀初頭あたりで、岡山県備前市の備前焼の窯（グイビ谷窯や熊山山頂九号窯など）でみつかっている。一六世紀ごろから、口に縁帯（ふちおび）を持ち、内部は櫛目をすき間なく埋め尽くすように施されるようになった。

「備前すり鉢ちゃ投げても割れぬ」と言われ、丈夫であったので関西方面では、他の備前焼の器類とともに圧倒的なシェアを誇ったのである。すり鉢は、滋賀県の信楽焼、愛知県の瀬戸焼と常滑焼、兵庫県の丹波焼でも焼かれている。

すり鉢とすりこ木の使い方は、片手ですりこ木の頭をおさえ、もう一方の手で中ほどを持ち、上の手を向こうへ押すだけ、中ほどを持つ手は横方向に動かす。動かし方は円形にするほか、固まりをつぶすときの横８の字（無限大の記号）、きめ細かく擂るときのすりこ木を三菱マークのように動かす三つ葉すりがある。

二人以上でするときは、一人がすり鉢を抱えて固定し、もう一人がすりこ木を動かすが、一人で擂るときには胡坐（あぐら）の姿勢で足の裏ですり鉢支える、また正座のときは膝の間に固定する。

山椒のすりこ木（擂粉木）

すりこ木とは、すり鉢で食物をすりつぶしたり、搗（つ）いたりするときにつかう両端が丸くなった棒である。別名を当たり棒と言う。

すりこ木といえばすぐ山椒の木が思い浮かぶほど、山椒の木のすりこ木は有名である。そのほかすりこ木の素材には、朴の木、桐、ポプラ、柳などがある。桐は材質が軟らかすぎるが、食材にまじっている硬い砂などをすり鉢の中で砕くことなく、すりこ木にもぐりこませるので、食材に砂のかけらが混ざるのを防げると言う利点もある。

山椒の幹。
写真の山椒は細い幹なので、すりこ木にもちいるまでには、もう少し年数が必要である。

すりこ木から派生した言葉がいくつかあるが、あまり良い意味でつかわれる言葉はない。「すりこ木」とは、僧侶とくに下級僧は味噌すりをさせられるのでその僧をののしって言う語であったが、転じて一般に人をののしって言う語とされる。また、すりこ木はつかうにしたがって短くなることから、進歩せずかえって退歩(たいほ)する人を嘲(あざけ)って言う語ともされる。

「擂粉木頭」とは、すりこ木の先のように丸い頭を言う。「擂粉木で芋を盛る」と「擂粉木で腹を切る」とは、不可能なことのたとえである。「擂粉木隠し」とは、弘法大師の説話の一つである。陰暦一一月の大師講の日またはその日に降る雪のことである。弘法大師を宿泊させた家の老婆は、足に指がなく、擂粉木のようであったが、食物がないので他人の畠の物を盗んだ。大師は老婆の信心に免じて、その足跡をかくすために呪法(じゅほう)で雪を降らせたと言う伝説がある。〝あとかくしの雪〟と言われる。そのほか、すりこ木に羽が生える、すりこ木の年は後へよる、すりこ木を食わぬ者はない、などと言う言葉もある。

山椒の木をすりこ木の材料に選んだことについて、いくつかの樹木に関わる図書をあたってみた。

上原敬二著『樹木大図説』（有明書房　一九六一年）は、「材は黄色で美しい。片手で握りやすい太さの幹を、一部皮付きとして昔はすりこぎ棒に使った。これは毒消すものと信ぜられたのが、使用のはじまりであると言う。地方によってはサンショウの代わりにクワ（桑）を使う。これは中風の予防に役立つと言うのが理由である。その他、ツゲ、クリ、ケンポナシも使う。ただ商家では、クリは人足が遠のくと言って嫌うし、酒屋ではケンポナシは酒が薄くなると言うので用いない。いずれも迷信である」。

民俗学者の神崎宣武（のりたけ）著の『台所用品は語る』（筑摩書房 一九八四年）は、すりこ木は「山椒の材を第一とすることはよく知られているところだが、これは硬さと、すりあわさった味覚からくるものである。山椒の他に、柳や桑なども知られている」と言う。

『平凡社世界大百科事典』（平凡社 一九九八年）は、「サンショウの幹は折れにくいこともあって、すりこ木にされる」とごく簡単な説明である。

辻井達一著『続・日本の樹木』（中公文庫 二〇〇六年）は、「サンショの木は擂粉木（すりこぎ）にもする。もちろん、これは少なくとも直径四cmほどになったものでなければならない。皮付きで先だけ円く削ってつかうのだが、擂粉木だからみずからも磨り減る。それがまた良いのだが、当然、だんだん短くなる。しまいにはなくなって、といえば落語の与太郎が山葵（わさび）のおろし金に飯粒を付けておいて、ネズミに舐（な）めさせる伝だが、まあ、そうはならない。樹皮に運ぶができる。擂粉木には良くそのこぶがそのまま残されている」と言う。

秋田県立農業短期大学高度加工研究所編『木材百科』（秋田県高度木材加工推進機構 二〇一一年）は、サンショウの材は「すりこぎ（擂粉木）として特別賞用される。それは強靭で摩滅（まめつ）しにくいことによるが、また材からの浸出液が魚毒を消すためとも言われる」としている。

日本民具学会編『日本民具辞典』（ぎょうせい 一九九七年）は、擂粉木には「擂りやすく匂いのよいサンショウの木がよくつかわれるが、皮付きのままのものもある。また中風の予防になるとして桑の木を使うことも多い」としている。

これらの資料からでは、どうもすりこ木の材料は山椒の木でなければならないと言う確たるものはみられなかった。しかしどの資料もすりこ木は山椒の木で作るとされており、ほかに数おおくあるすりこ木にできる木を抑えて、山椒が定番となっている。

ネットの無署名だが「木あそび 木を食する」とのタイトルのブログの発信者も、すりこ木の用材として山椒が定番なっていることに興味を持ち、気になったので実際に自分で山椒の木ですりこ木を作ってみた。その感想を記しているので、お借りする。

「ミニすりこ木の材料」は、長さ一七㎝ほどで、とんかつ屋のミニすりこ木並である。製作過程で、樹皮（内皮）及び材（鋸屑）について、ピリピリ感の有無を確認した。内皮には強烈なピリピリ感があることを確認した。一方、鋸屑も口にふくんでみたが、ピリピリ感もわずかな香りもなかった。

「完成品」からの感想は、やはり体験しなければわからない。サンショウを素材としたすりこ木では、両端を剝皮し、中心部にサンショウらしい樹皮を残す仕様が普通であるから、ピリピリ効果のある内皮の（食材への）混入は期待していない。そもそも樹皮（とくに外皮）が混入したら、食感を損ねるであろう。

そして「木を食する」ブログ発信者は、いろいろと検討した結果として、山椒の木をすりこ木になぜするのかについて、「そこで勝手に解釈すれば、『香辛料として葉や果実が利用される樹木であって、イボイボのある樹皮に雅致がある上に、これが滑り止めにもなる特性から好まれ定着したもの』ではなかろうか」と結論づけている。

筆者もこの結論で差し支えないように考える。

蒸し料理の道具の蒸篭

食物を調理する方法の一つに、食材を蒸すと言う方法がある。蒸し料理と言われる料理である。一般的に鍋や釜（煮湯をたぎらせて蒸気を発生させ、その鍋や釜のうえに、調理したい食材をいれた蒸し器をおき、蒸気をとおして食材を蒸しあげるのである。大分県の別府温泉で見られる地獄釜は、温泉から噴出する蒸気を利用するもので、「地獄蒸し」と呼ばれるが、原理はいっしょである。

蒸し料理を作る蒸し器が、蒸篭（または「せいろ」と読む）である。大槻文彦の『大言海』は、「古くは甑。糯米、団子、饅頭などを蒸す器。木製にして、形に方(ほう)（四角なこと）、円なり。底を簀(す)とし、湯気を通して蒸す。蒸桶(むしおけ)。」と説明している。なお、甑は土器で作られた器で、米などを蒸すために使われた。かたちは円く、底に蒸気の通る穴がある。後の蒸篭にあたる。

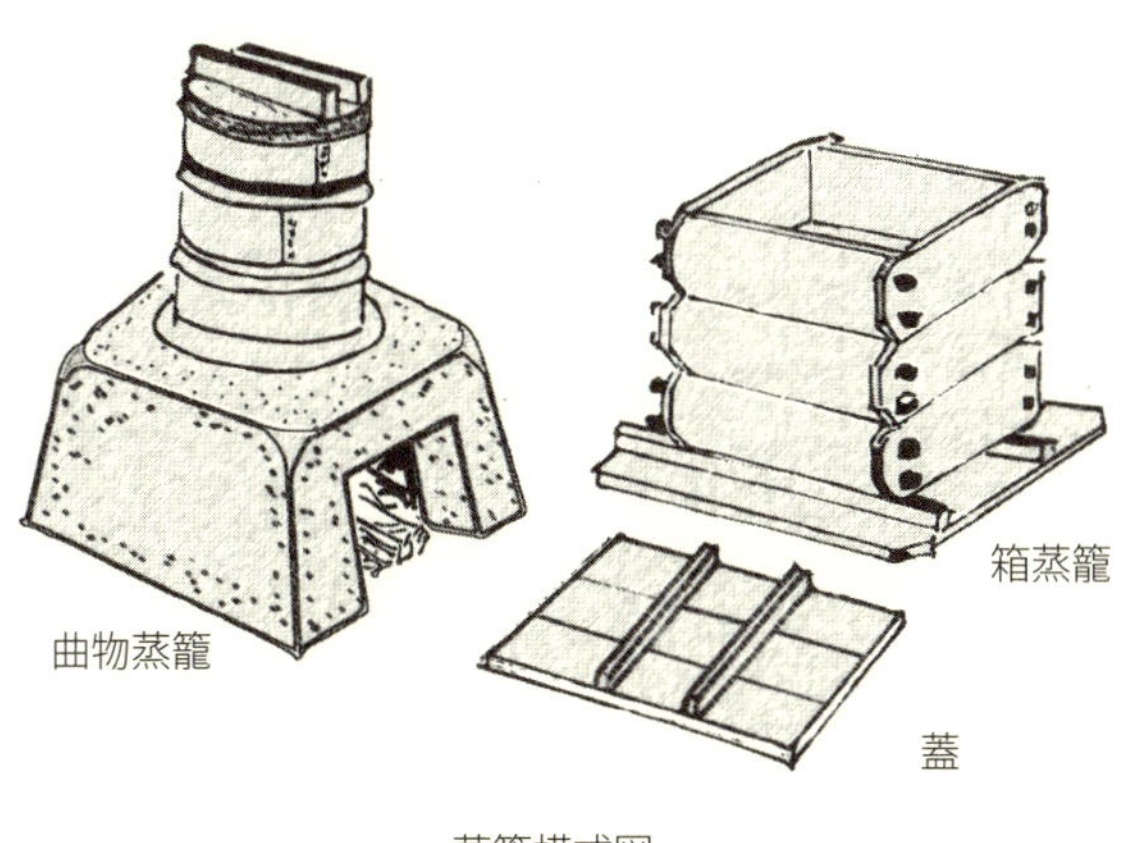

蒸籠模式図

新村出編『広辞苑 第四版』は、「釜(かま)の上にはめて、もち米、団子、饅頭、茶わん蒸しなどを蒸す器。木製の框(たが)があって、底を簀とし、下から蒸気を通す」と、『大言海』とほぼ同じ説明をしている。そして二段かさねの四角な木製の蒸篭をさし絵として掲載している。

蒸篭には、中華蒸篭と和蒸篭と言う二つの種類がある。中華蒸篭は竹を編んだもので、形は丸く、蓋と底とが一体となっている。和蒸篭は、木をつかって組んだもので、やや厚みのある板を四角に組んだものと、木をうすく削いだ板を曲げて丸くして作る曲物(まげもの)と言う方法で作る丸型のものとがある。和蒸篭は底の部分が脱着可能なすのこになっているものが多い。

蒸篭のおおくは多段式であるが、一段のものもある。そのまま食卓にだして食器としてつかわれることもある。和蒸篭には四角なものが多い。

現今では、木製、竹製の蒸篭のほか、ステンレスやアルマイトなどの金属製のものも作られ、ガスレンジや電磁調理器などの熱源にのせてつかわれる。また電子レンジで使えるように金属ではなく、強化ガラスや陶器を用いたものもあるほか、電子レンジ調理専用の耐熱シリコン製のシリコンスチーマーも売られている。

四角な和蒸篭の用材は、蒸しのとき蒸気として大量の水分が吸収されるので、水湿に耐えることができる桧材がつかわれる。同時に桧用材の材の色は、心材が淡紅色で辺材が白いので清潔感があり、食物を調理する器の材料として適している。桧の蒸篭は、調湿性が高く、反りがすくなく、耐久性が高い。また繊維が細かく、丈夫で木目が美しい。桧によく似た椹（さわら）の材もよくつかわれる。

蒸篭は水分にふれる機会がおおいので、箱に組むときに釘を打つと、蒸気で銹（さび）ができ、その銹が食物に付くおそれがあるので釘は使わずに、ほぞを作って組んでいく。

杉板も蒸篭の材料としてもつかわれる。木目が細かく、まっすぐに通っているので柔らかな質感となっている。蒸したとき、杉の良い香りがするので、杉の香りの好きな人にはおすすめである。

四角な蒸篭は大型となっているので、最近の家庭ではつかいにくく、ほとんどは業務用とされている。

筆者の生家は、岡山県の東北部にあたる美作台地であるが、高校卒業で就職するまでは毎年の正月前には必ず餅をついていた。一臼（ひとうす）にはいる量は一升だったので、蒸篭も大ぶりで、それを三段かさねて餅米を蒸していた。それ以外には、端午の節句に柏餅を作るときも、蒸篭をつかっていた記憶がある。

また最近では、筆者の住む大阪府枚方市の自治会が、正月前のイベントとして餅つき大会を開催している。組長の一人として餅つき大会に参加し、蒸篭で餅米が蒸し上がってくるのを見る仕事を担当した。四角い大きな蒸篭が四つあって、二つの釜で湯を沸かして蒸しあげていた。蒸し上がった餅米を、臼の中まで運ぶところまでが担当の仕事であった。

曲物で作る蒸篭

現今の家庭はほとんど親子だけで構成され小人数なので、板を組んで作られた四角な蒸篭は使い勝手が良くないため、家庭料理用の蒸篭は小型化しており、ほとんど丸い形のものがつかわれている。丸い小型の蒸篭は、薄い板を曲げて加工した曲物（あるいは〝わげもの〟とも言う）である。

曲物は杉や桧などを薄く削りとった板を円形に曲げて、合わせ目を樺（かば）や桜の皮で閉じて作った容器である。各地で作られているが、現在では資材の調達が難しい状況と、代替えのプラスチック製などの製品があるので、生産量はわずかである。曲物を地域の工芸品、特産品、名産品としている地域をかかげて見る。

青森県藤崎町　ひばの曲げ物　素木　材料は青森ひば
秋田県大館市　大館曲げわっぱ　素木　材料は秋田杉
福島県檜枝岐村　曲げ輪っぱ　素木
群馬県中之条町　めんぱ　素木
長野県塩尻市　木曽奈良井の曲物　素木　材料は木曽桧
岐阜県中津津川市　恵那曲物製品　素木　材料は東濃桧
静岡県静岡市　井川メンバ　素木
三重県尾鷲市　尾鷲わっぱ　うるし塗　材料は尾鷲桧
大阪府大阪市　曲げ物　素木
福岡県福岡市　博多曲物　素木に絵つけ
宮崎県日之影町　めんぱ　素木

木材で作る容器としては、板を並べてタガでしめつける桶や樽よりも、曲物の方が先に作られたと言う。桶と樽が作られたのは、室町時代と言われているが、曲物はそれ以前で、比較的大きな木の容器としてつかわれていた。曲物は杉や桧の薄い板であり、鋸（のこぎり）がわが国に入ってくる以前は、板は木目の通った材を割って板にしていた。とくに杉の目の通ったものは、ごく薄くまで割ることができた。

『木材の工芸的利用』によれば、明治後期あたりでは、曲物と曲輪（まげわ）とは明確に区別されていた。

曲物の作り方は、側の材はけずり上げて、一〇分間くらい釜で煮て灰汁を出し、二〇枚程度ずつを手動で轆轤にかけて曲げる。樺皮（桜の樹皮）をもちいて閉じる。蓋と底は二枚ずつ分まわしで切り、「はす」をつけ、底には糊をつけてはめ込む。曲物の用途は、佃煮、飴、煮豆、漬物、砂糖、味噌などをいれる容器とされた。

一方の曲輪の作り方は、接合面を適当にけずって密着させ、桜皮または竹で編む。もちろん材料はすべて乾燥したものであることが必要である。そうしなければ、桜皮と薄い竹などの編む材料がはいる針目は直ちに閉じて編みにくい。曲輪の用途は、籾通し、粉篩、甑（蒸篭のこと）、味噌漉、西洋太鼓胴、提灯輪などである。

明治後期においては、曲物とは薄い板を円く曲げて閉じ、底をつけ、蓋もついた容器であった。一方の曲輪は、薄い板を円く曲げて閉じただけで、蓋も底もないものであった。その側に穴をあけて針金を網状に通したものが篩であり、味噌漉であった。蒸篭は片方の口に桟をつけ、簀の子などのすき間から蒸気が通るものを敷いただけなので、容器にはならない。

曲物と曲輪とはこのような違いがあるのだが、いつのころからか、薄い板を曲げて作る品物だからと言う考えなんだろう、底と蓋のある容器も、底のない篩や蒸篭も、曲物製品と言われるようになった。蒸篭は明治期までは正確には曲輪のほうに属するのだが、現今ではまぜこぜになっているので、そのままの呼び方で記述していくことにする。

曲物で作る蒸篭の材料は、大きく分けると杉と桧になる。杉製の曲物の蒸篭は、太い天然杉がたくさんあった秋田県大館市で作られ、秋田音頭で言う「大館曲げわっぱ」となり、杉製蒸篭の代表格である。

桧製の曲物の蒸篭は、現在は長野県塩尻市の一部となっているが、平成の大合併までは木曽郡に属していた中山道奈良井宿の、木曽桧で作られる奈良井の曲物である。奈良井の曲物は、江戸時代初期には全国でも指おりの木製品として世間でも評判にされる特産品であった。奈良井の「柾物」は寛永一五（一六三八）年に成立しひろく世間にもてはやされた俳諧の作法書『毛吹草』の諸国の名産・名物の一つとして載せられている。

食物の移動につかう箸

箸は東アジアの日本、韓国、中国、シンガポール、ベトナム、モンゴルなどでつかわれる食具の一種である。同じ長さのもの二本が一対になった棒状のもので、片手に持ち、下方の先で物を挟んで移動するときにもちいる。もちろん、食事のときは食物をはさんで、口に運ぶ役目をはたす大事な道具である。箸には必ず細くなった先があり、基本的には、先の細くなっている方で食物をはさんで口に運ぶ。祝い箸には両方に先があるが、これは一方で人が食べ、同時にもう一方は神が食べるためのもので、日本人の信仰で神と人は共に食事をすると言う神人共食（しんじんきょうしょく）の思想からきている。日本各地の神社で夫婦箸、長寿箸と言ったものが配布されているが、みな両端のほそい箸である。

日本の箸は木製がほとんどであるが、竹で作られているものもある。漆がぬられた塗り箸と、漆を塗らないものとがある。

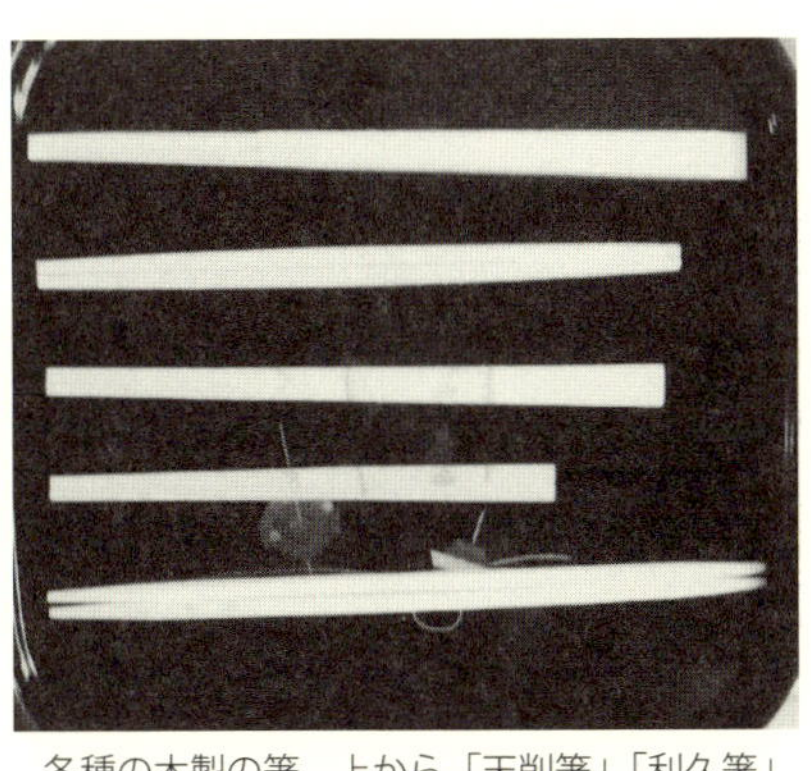

各種の木製の箸。上から「天削箸」「利久箸」「角箸」「松箸」「柳箸」（両口箸）

塗箸のおもなものに、福井県の若狭塗と石川県の輪島塗がある。このほか、青森県の津軽塗、福島県の会津塗、岩手県の秀衡（ひでひら）塗、東京都の江戸塗、神奈川県の鎌倉塗、長野県の木曽塗、岐阜県の飛騨春慶塗などがある。本書の主題が、香りのある樹木と日本人の生活であるから、漆塗では本来の木材の香りはしない。

木材の香りがする木地そのままの箸といえば、割箸と両端が細い丸箸を言うことになるので、ここではもっぱら割箸と丸箸について記述することにする。

『木材の工芸的利用』の第二章第三節第二十「箸用材」から見ていく。

木箸に二種類がある。柳箸（やなぎはし）と杉箸（すぎはし）である。柳箸も杉箸も、もともと一回かぎりの使用にとどまる性質のものである。したがって塗箸その他、永続的につかうものと、自然に使用する方面が違っている。

柳箸も杉箸も、つかう樹種が柳だから柳箸と言うのではなく、材料が杉だから杉箸の名があるのではない。柳箸とは、とくに両端を細く削ってある両細のことを言うのである。柳箸の種類に、九寸の両細、八寸の両細、雑煮用両細、九寸の本膳箸、柳箸、柳菓子箸、と言う六種類の区別があった。両細箸は明治後期には宮中で使用するようにされているが、今日では祝い事などには庶民もつかっている。雑煮用両細箸は正月の雑煮用にかぎられる。

杉箸とは柳箸以外の箸のことで、割箸、丸箸、利久箸、楊枝箸の四種類に分かれ、割箸はさらに子持箸（割箸につま楊枝がはさんであるもの）、面取割箸、角割羽箸にわかれるのである。杉箸の種類は、明治後期の『木材の工芸的利用』には大利久極細、大利久、赤味中利久、中利久、子持面取割、吸物角利久、楊子箸、小利久、子持箸、口細面取割、口細丸、角箸、キカイ丸、七寸面取弁当割、白丸、五八弁当割、茶の湯箸、吸物利久箸、薬屋箸（丸）（また中細杉丸と言われる）、監獄用割箸（また安割と言われる）と言う二〇もの種類があった。今日ではこれに「天削」と言う種類が付け加わっている。

なお東京では一般に、広葉樹材でつくられる箸を柳箸と言い、針葉樹材で作られる箸を杉箸と称する。

この箸の種類の名称は、全国的に統一された名称ではないようで、杉箸を製造する地域によって異なった名称が見られる。たとえば奈良県吉野郡下市町の箸の種類には、前記の箸の種類にはない樅両口箸、黒木片細、東京八寸上々、杉両口などが、信州下高井郡平穏村（現山ノ内町大字平穏）の箸には杉翁箸と言う名が、同県上高井郡山田村（現高山村）の箸には深雪箸（割箸）と言う名が見られる。

杉箸のうち利久形は上等品とされていた、利久吸物箸および菓子用楊枝箸の需要は新潟市にかぎられ、薬屋用（丸）は富山の売薬商の進物用にかぎられていた。

近年出現した天削げ箸は、漆を塗っていない素木のもので、木目の美しさを強調するために、後ろの端を片面にむかって鋭角に切りおろす加工をおこなった箸である。吉野杉の割箸で最高級とされていたが、いつしか真似をされるようになり、価値は低下してきていた。また塗箸でも、装飾のため天削加工をしてものも見かけるようになった。

吉野杉製材の背板から割箸

現在の日本でつかわれている割箸の原材料は、蝦夷松、白樺、杉、桧、トドマツ、アスペン（中国箸の用材樹種）と竹である。割箸につかわれる樹種は、おもに建築用材や家具用材などの用途が少なく、したがって価格も安く、木材としての利用度が低い樹種である。なお松がマツノザイセンチュウ病におかされ、大量枯死する以前では、松材による箸が普及品としてたくさん作られていた。

箸としての強度は、食物をはさんで運んだり、分割できる程度の強度があれば十分で、建築用材に必要な強度とくらべればはるかに小さくても良い。

割箸の材料は前にふれた明治期のものとくらべると、樹種ははるかにすくなくなっている。つかう材料は、昔から伝統的に使われた端尺材（定められた長さの規格に達しない材）（端材とも言う）や材木を採った残材、および曲がり材などの低利用材からのものが一つある。残材とは山で伐採され丸太にされた材は、まず四角な柱や一枚板が採られる。円柱が中の部分を角材にとると、外側の円弧の部分（背板と言う）をまた小さな板をとって貼りあわせ合板にする。それでも残る部分が残材であり端材である。割箸を作らないところでは、この部分はチップ（木片）にして製紙原料などとする。

端材からの割箸の作り方は、円弧状の端材の背板の丸み部分をはずして箸の厚みの板にし、箸の長さに切断していく。その板を一昼夜水につけて軟らかくしてから、板の表と裏に鉋をかけ、きれいにけずる。そして板の側面をけずりおとす。最後に箸のかたちに切りとって、まん中に割り込みをいれるなどしてしあげ、天日で乾燥させると出来上がりである。この方法は奈良県吉野郡下市町で明治のはじめごろから、吉野杉の背板から作られる割箸の方法である。

またこの方法で作る箸は、上等品が多い。

もう一つは、原木を箸の長さの丸太にし、丸太全部を割箸にする方法である。割箸の長さに切断した丸太をロータリーレースと言う機械にかけて「カツラ剥き」にして、帯状の一枚板を作り、それを割箸の形に切断し、乾燥させると言う方法である。もう一つは丸太をミカン割り（丸太をみかん状の断面のように放射状に挽き柾目板を取る方法）にして薄い板を作り、その板を割箸の形に切断して乾燥させる方法である。後の方法で作る箸は普及品で、中国から輸入される割箸はこの方法で作られている。

現在わが国で使用されている割箸は、前にふれた『木材の工芸的利用』が述べているような多数の種類はなく、主なものは丁六箸、小判箸、元禄箸、利久箸、天削箸と言う五種類である。割箸ではないが、割箸と同じように素木の箸二本（一膳分）を一つに束ねた「らんちゅう（卵中）」と言う種類がある。

割箸を「割る事」は祝い事や神事などの「事をはじめる」と言う意味を持っており、大事な場面にいつも新しい割箸が用意されると言う。

割箸の種類と作り方

丁六箸は、薄い板から箸の形に切りとって、それに切れ目をいれただけの状態の割箸である。この割箸は、明治のはじめごろ吉野杉の材で作る樽丸の端材が捨てられるのを惜しんで割箸が考案されたが、そのとき次に述べる小判割箸とともに作られた割箸である。丁六箸は、単純な形で、最も安価な箸としてつかわれている。

小判箸は、丁六箸の四つの角を削って面取りの加工をしたもので、持ちやすくなっている。頭部の形を見ると小判のようにみえるから、この名がある。丁六箸とともに、安価な箸として通用している。

元禄箸は、小判箸をさらに加工し、割れ目に溝をつけて割れやすくしている。元禄箸には、杉をつかった高価なものもあるが、ふつうは白樺やアスペンなどの木で作られる。小判箸よりもつかいやすく、また大量生産が可能で、比較的安価であるため、最もおおく流通している種類の割箸である。箸の材料としては、杉材のものと、桧材のものとがある。

利久箸はまた利休箸ともいわれ、割れ目に溝を加工して、割箸の中央部をやや太くし、両端を細くけずり全体を円くしたものである。茶道の祖の千利休が考案したと伝えられる。千利休が活躍していた当時には割箸はほとんど普及していなかったはずである。資料がないので、はっきりしたことは分からないが、利休は茶の湯のまえの軽食用に箸を、誰も使用したことのない証明として、客自身が二本に割って使える箸を工夫していたのではなかろうか。

利久箸の姿は、二本がくっついて中の良い夫婦のようである様子から、夫婦(めおと)箸とも呼ばれる。両端が細くなっているので、頭の部分がなく、どちらでもつかえる中平両細の両口箸である。

利休箸の名は商人からすると「利を休む」と解釈されることになるので嫌い、「利が久しくある」として利久の表記をつかうようになった。験(げん)かつぎである。利久箸は加工に手間がかかるので、比較的高価であることが多い。

天削(てんそげ)箸は、原木の吉野杉の木肌がまっ白で、年輪幅が小さいので木目の美しさを強調するために割箸の天の部分（頭部）を鋭角に削ぎおとしたものである。木目の美しい吉野杉や木曽桧のような高級な材でしか作られないとされているが、現在北海道の北見市と中頓別町では北海道産のトドマツで天削げ割箸を製造している。

卵中(らんちゅう)と呼ばれる箸は、割箸ではなく一本ずつであるが、割箸に似せて二本（一膳分）を中央部で、細い紙の帯で巻いた素木(しらき)づくりの箸である。木製の素木箸の中ではいちばん位が高いと言われている。これも千利休が茶道探求のころ、落ちついた静かな姿を持つ箸として考案したと伝えられている。利久箸とどちらを先に考えついたのかは、不詳である。千利休は茶の湯に客を招く日には、朝方必ず箸材をとりよせ、客の人数分だけ小刀で箸をけずったと言う。軽くて持ちやすく、食べやすい箸として、両端を細く丸みをもたせた箸を作ったと言われる。現在では卵中箸も、杉材で作られたものと、桧材で作られたものとがある。

　近年、家庭での食事は自分用の箸が用意されている自宅以外の、いわゆる外食と言われるように、外で食事する機会がふえている。外で食事することがおおくなり、直接に食物を口に運ぶ箸の清潔さに人びとの関心が高まっている。それにたいして大手外食産業、居酒屋、和食チェーン店、一般飲食店などの業者も、サービスの一環として箸の品質を重視するようになってきた。とくに箸の香りと、料理をいっしょに提供する和食には、普及品と見られるような品質の箸ではなく、杉材や桧材で作られた天削箸や卵中箸のような上等品がつかわれるようになっている。

割箸のはじまりと割箸生産の現況

　日本の割箸のはじまりについて、向井由紀子・橋本慶子・長谷川千鶴の論文「わが国における食事用の二本箸の起源と割箸について」（日本調理学会編・発行『調理科学　Ｖｏｌ10・№1』一九七七年）は奈良県吉野郡下市地方の伝承をもとにして「南北朝の頃（一四世紀）後醍醐天皇に杉の割箸を献上したのが最初でこの地に割箸産業が起こったとしているが、実際の起源は文政一〇（一八二七）年にこの地を訪れた杉原宗庵が余材として残る杉材を見て、香りの良いこと、木の目に沿って真直ぐに割れることなどを利用し、たて割箸を作らせたのが始めであるとされている。なお杉原宗庵とは、四国の巡礼僧といわれている。

　また同論文には、天保一三（一八四二）年の幕府引継書『天保十三年物価書上（かきあげ）（上）』（マイクロフィルム版　国立国会図書館蔵）に、白尺長箸、杉尺長箸、白箸などとともに割箸の値段が記されていると言う。このころはすでに割箸生産がおこわれていたと前書は分析している。

　今日の日本でつかわれている割箸は、林野庁の『平成二四年度 森林・林業白書』（平成二五年六月七日公表）によると、国内の割箸の消費量は近年は二五〇億膳前後を推移していたが、平成一九（二〇〇七）年以降は減りつづけ、平成二一（二〇一〇）年には一九四億膳（国民一人当たり年間一五〇膳）となっている。これは戦後の高度経済成長がはじまった昭和三五（一九六〇）年あたりから日本人の外食化傾向が、大きく影響している。また近年のコンビニエンスストアでの主力商品が弁当となったことも、割箸消費に拍車をかけている。

一方、国内で生産される割箸の原材料のほとんどは国産材で、平成二二年に国内で生産された割箸五億五〇〇〇万膳のうち国産材を原料とするものは四億七〇〇〇万膳（八五％）、輸入材が原料のもの八〇〇〇万膳となっている。

割箸は明治時代から製材の端材などを有効活用してきたが、国内における割箸の生産量は減少傾向にあり、平成二二年に国内で消費された割箸一九四億膳のうち、一八八億五〇〇〇万膳（九七％）が中国産を主とする輸入品である。国産材割箸と輸入品割箸の価格を比較すると、国産材でも間伐材からの割箸は輸入品割箸の約三倍となっている。価格面で国産材割箸は、輸入品割箸に太刀打ちできないありさまである。

国内で現在割箸を生産しているところは、奈良県吉野郡下市町、石川県金沢市、北海道の下川町、北見市、中頓別町などである。それらも大衆向けの普及品では採算がとれず、天削箸や卵中箸のような高級箸の製造で収支を合わせている状況である。

前にふれた『平成二四年度　森林・林業白書』は、コラム欄で金沢市の木製品製造業のN社の割箸製造についてふれているので、ついでに紹介する。N社は、杉、松などの国産の間伐材をつかって、年間約一億五〇〇〇万膳の割箸を生産している。同社は国産材利用による森林整備への貢献をセールスポイントとして割箸の販売をすすめており、外食産業やコンビニエンスストア、航空会社の機内食などに利用されている。

割箸を輸入している国は、昭和年代におわりころは、韓国、中国、フィリピン、インドネシア、カナダ、南アフリカなどであった。韓国からの輸入がはじめのころは多かったが、その後韓国でも割箸が普及し、逆に輸入国になった。そこでインドネシア、南アフリカ、カナダなどから輸入していたが、しだいに木材資源の枯渇、価格競争の激化によっておくが撤退し、中国の一人勝ちとなっている。それには昭和六〇（一九八五）年代から台頭してきたファーストフード系の飲食店、弁当屋が販売網を拡大してきたので、大量に、安価な割箸が必要となった。それに合わせて大手商社が、中国などで割箸製造に力をいれたのである。

　中国が割箸の価格競争にかかわったのは、原料となる木材資源と人件費が安く技術力もあり、さらに大手商社が援助して、日本への輸出拡大をはかったことなどがあげられよう。

楊枝（ようじ）につかわれる黒文字の仲間

　楊枝とは、もともとは歯垢を取り除き清潔にするために僧侶がもちいる道具で、総（ふさ）楊枝あるいは房楊枝と書かれた。楊枝の「楊」とは枝がしだれない柳のことで、はじめは楊（やなぎ）の枝がもちいられたから、楊枝と命名された。後には柳つまり枝垂れ柳の枝がつかわれた。仏につかえる僧侶は心身を清めておく必要があったので、つねに楊枝を身につけていた。僧侶とまじわることが多かった貴族にその習慣が伝わり。その後近世では庶民も楊枝をつかうようになった。明治時代のはじめにアメリカから歯ブラシが入ってきたので、歯をきれいにするための房楊枝は姿を消した。しかし楊枝そのものは生き残り、菓子などの食品を口に運ぶための食具とみなされるようになった。また爪楊枝・妻楊枝、小楊枝は、それまでと同様に、食品を刺したり、歯にはさまった物を取り除く道具としてつかわれている。現今では楊枝といえば、大変良い香りがする黒文字が連想されるほど、楊枝材料として黒文字は一般に有名である。

　黒文字はクスノキ科クロモジ属の落葉低木で、本州の関東地方より西の地方に生育している。高さ二ｍから四ｍになり、淡黄緑色の花は春早く四月ごろ葉が出るのにさきだって咲く。雌雄異株である。果実は光沢のある球形で、黒色に熟する。黒文字の小枝や葉を折ると香気を放つので、疲れをいやす木として、山間部に暮す人や登山者に親しまれている。ふるくから爪楊枝の材料として重用されてきた木で、現在でも高級楊枝は黒文字とよばれ、料亭の料理や、高級和菓子にそえられている。

黒文字で編んで作った黒文字垣も良い香りがするので、茶室の庭に珍重されている。そのほか、東北や北越では、獲物（えもの）を黒文字の木の枝に刺し、神への供え物とする風習があったと言われる。

おなじ仲間に大葉黒文字があり、こちらは東北から北海道の渡島（おしま）半島の南部の狭い地域に生育している。黒文字より葉が大きい。黒文字の名は、その小枝の黄緑色の地の色に黒色の斑（ふ）が入っているので、その斑が文字にたとえられたのである。小枝の黄緑色は、切って乾燥すると黒くなる。

黒文字は香りが良いので楊枝に作られ、楊枝の中では高級品で、茶席の菓子に添えられることが多い。

クスノキ科の樹木は良い香りをさせると言う特徴を持っており、有名なものは「クスノキの樟脳（しょうのう）」と、「肉桂（にっけい）のシナモン」、それと外来樹の月桂樹（げっけいじゅ）である。この三種類のつかい方は違うが、昔から知られた薬品であり、香辛料である。

黒文字はたいへん良い香りがする。香りは柑橘（かんきつ）系の香りにサイダーのような香りがふくまれているとする人もいるし、レモンに似た香りだとする人もいる。黒文字とおなじ属にシロモジ（白文字）があり、属はちがうハマビワ属のアオモジ（青文字）と言う樹木がある。黒・白・青の字が頭に冠となっている樹木は、どれも香りが良く楊枝に作られる。しかし、楊枝になったものはみな同じで、白文字とも青文字とも言われることなく、黒文字で代表される。

黒文字の仲間に、山香（やまこう）ばしと言う低木があり。枝や葉は菖蒲に似た香りがある。冬になって葉が枯れても春になっても落葉しないと言う特徴があり、このため武蔵野の雑木林では遠くからそれとみとめられると言う。

もう一つの仲間に檀香梅（だんこうばい）と言う低木があり、これも良い香りがする。とくにその果実に良い香りのする油分がふくまれており、高級な髪油としてつかわれていた。昔、朝鮮半島の遊女がこの髪油をつかっていたと言われている。檀香梅の花はたいしたことがないが、雄株と雌株では雄株の方の花が見栄えがする。葉には面白味があるので、その意味で庭木につかわれる可能性がある。

黒文字の楊枝

貝原益軒の『大和本草 巻之十二』(『大和本草 第二冊』有明書房　一九八〇年)の花木・黒文字は、「冬は葉落つ。皮黒くめ。香気あり。故に是を用て牙杖(ようじ)とす。皮をつけて用ふ。又ほやうじと名づく」として、楊枝の材料としていることを述べている。

『木材の工芸的利用』は、楊枝の材料としての黒文字は香気があって、材質は柔軟で最も楊枝に適していると評価している。産地は静岡県伊豆地方および千葉県である。千葉県産は肌が良く、伊豆地方産は弾力がつよい。神奈川県にも産するが、あまり来ない。来るものは長さ三尺(九〇㎝)、直径一尺(三〇㎝)を一束にしてある。

黒文字から楊枝の作り方は、まず直径三分(九㎜)より五分(一五㎜)のものをとり、小切をして、四つ割りにして、二時間くらい水につけてからあげる。しかし生木(なまき)であれば。水につける必要はなく、霧を吹きつけるだけで良い。楊枝の並製のものは一日に一〇〇〇本を削ずれば一人前と言われるが、五〇〇本をふつうの工程とする。楊枝一本には小刀を一二、三回かけるとされている。

前にも触れたが茶道には楊枝を黒文字と言う別名がある。黒文字の楊枝は、樹皮の部分を残してあるので、気品ある香りがする。和菓子を食べるときによく利用される。羊羹(ようかん)などのやわらかい和菓子は、黒文字の楊枝で押し切って食べる。

山本一力著『まいない節 献残屋佐吉御用帖』(ＰＨＰ文芸文庫　二〇一六年)にようかんを黒文字楊枝で食べ場面が描写されているので紹介する。

> 与次郎が入ってきたとき、昭兵衛はようかんを黒文字(楊枝)で切り分けていた。一分くという指図どおりに、一切れが一寸(約三㎝)もある。その厚いようかんを昭兵衛は黒文字一本で切り分けた。あたかも研ぎ澄まされ

た刃物を使ったような切れ味である。一切れを四分の一に切り分け、その一切れに黒文字を突き刺して頬張った。

昔は茶席で客をもてなす主人は、黒文字を一本ずつけずって新たな楊枝を作るのがたしなみであったと言われる。黒文字の楊枝の長さは、一〇cm程度の短いものから、本格的に茶席でつかう取り箸サイズのものまである。基本的には、黒文字の長さはお皿や菓子とのバランスを見て決めるが、ふつう一五cmくらいのものがつかいやすく、美しく見えるとされている。

黒文字から楊枝が作られるようになったのはいつ頃からかについて、二つの説がある。一つは、豊臣秀吉の時代に千利休が茶事のときのお菓子用に、黒文字の楊枝をもちいたのがはじまりであるとしている。もう一つは、千葉県君津市の久留里(くるり)黒文字楊枝伝承会がブログで、「黒文字楊枝は江戸時代に久留里地区で武士の内職としてはじまり、明治期にも一般家庭の副業として作られていた」と記している。久留里地区とは、江戸期には上総国望陀郡久留里と言われ、久留里藩と言う藩があった。久留里産の黒文字は品質が良かったので、上総(かずさ)の小楊枝とよばれ、江戸で人気になったと言う。久留里の現在の行政区画は千葉県君津市久留里である。

二つの起源を比較する資料がないので、このまま記しておく。

千葉県は黒文字の生育地であり、現在久留里で作られる黒文字の楊枝は、千葉県の伝統工芸品として復活し、久留里城の別名である雨城楊枝として売られている。雨城楊枝の技術をなくさないために技術の伝承もおこなっている。このほかに同地には、いすみ楊枝、畑沢楊枝、長生楊枝、いちはら小楊枝と言うものもある。

現在では、黒文字の生育する地方では、山仕事のついでに黒文字を採取し、つてを頼って売るか、自分で楊枝を作って産物販売所で売っているのだろう。筆者も平成年代の初期に、島根県西部の山村で、夕方山仕事をすませた山林労働者数人が、束にした黒文字を持って山道から下ってきたのを見たことがある。

お茶会の御菓子と黒文字の楊枝

また大阪の商人が、黒文字を山里で集荷している姿が『上那賀町誌』（上那賀町誌編集委員会編 上那賀町 一九八二年）に記されている。

昭和一三（一九三八）～一四年ごろ、大阪府下の一商人が桜谷にきて宿を構えて、長期滞在した。旧宮浜村を中心に周辺の村からも、くろもじの木を薪の束らいの大きさにし、一貫（三・七五kg）いくらかの単価で買い集めた。方々から集荷し山積みにして、トラック一車分になれば出荷するといった具合で多量のくろもじが運ばれていった。くろもじの本質は香気を有し、小楊子や箸を製した。四十年を過ぎた今日でも、やはり高級な使物として使用されており、最近においても、くろもじ買の商人が来て、くろもじを買いだしているという

黒文字の楊枝がつかえるのは裕福層であったことが、山本一力著『紅（べに）けむり』と言う小説に描写されているので、引用させていただく。

黒文字は伐採されたあとも、つよい香りを皮の内側に閉じ込めている。ゆえに小割に削って拵えた楊枝や箸は、芳しい香りを放った。値は高かったが、札差などの大尽や、若い時分の杢兵衛のような見栄っ張り、それに遊郭などで大いに重宝された。
杢兵衛は一束五十本の黒文字を、十束も行李の底に仕舞い、江戸から皿山に持ち込んでいた。が、使う折がまったくないまま、今日に至っている。

黒文字楊枝のつかい方は、黒文字の香りを引き立てるのは、切りたてが最上であるが、都会住まいの人には無理である。そこでつかう前に水に浸して、色と香りを引き立てるようにする。水で清めると押さえ拭いて、濡れをみせて菓子のお皿に添える。これは餡や皮がくっつかないようにとの配慮である。

茶事の席でつかわれた黒文字楊枝は、懐紙につつんで持って帰る。帰ってから、楊枝のうらに日付や茶会の場所、菓子の銘などを記している。

二　香りのある木の葉を食べる

山椒（さんしょう）にも品種がある

山椒はわが国の樹木の中でも、最も香りの高い樹木であり、幹は前に触れたようにすりこ木として食物の調理につかわれ、葉や花や果実は日本を代表とする香辛料として食物の味覚をととのえ、食欲を増進させる。また果実は薬としても用いられる。このように極めて有用な樹木である。

山椒とはミカン科サンショウ属の落葉低木で、東アジアから日本にかけて自生している樹木である。日本人は縄文時代の昔から、山椒はつかわれており、遺跡から山椒の遺物が出土していると言われる。また二世紀のころ中国の人がわが国のことを記した『魏志倭人伝』に、「薑（きょう）、橘（たちばな）、椒（しょう）、蘘荷（じょうか）があるも、滋味（じみ）と為（な）すを不知（しらず）」として、食物をゆたかな味とすることは知らないとして、山椒がでてくる。『魏志倭人伝』を記した中国人は、わが国の人が山椒をつかって食物の味を整えていることは知らなかったのである。

山椒はわが国の各地の山地に生えており、通常人家に植えられている。幹の高いものは三mに達し、枝はおおくにわかれ、枝の表面には葉の基部に一対ずつの刺（とげ）がある。葉は互生し、奇数の羽状複葉で、小葉は五～九対、小葉は小型で長卵形、卵形、あるいは長楕円形、ふちにはにぶい鋸歯（きょし）がある。

山椒の名は漢名（かんめい）つまり中国の名称ではなく、古名は「はじかみ」と言われる。植物学者の牧野富太郎は『新牧野植物図鑑』で、「はじかみ」は「はじかみら」の略といわれ、ハジははぜるの意味で、カミラはニラ（韮）の古名、すなわち果実の皮がひらいて裂け、また味がからくてニラの味に似ているところからきた名であると言っている。

古名の「はじかみ」は「椒」とかかれる。山に生えている椒（はじかみ）と言う意味で、畑に栽培される椒の生姜（しょうが）と区別するため、山を冠にして山椒の字がうまれた。椒の字は音でショウとよまれ、山の音ではサンなので、山椒はいつしか音ばかりのサンショウと読まれるようになった。

　雌雄異株の樹木で、雌雄とも花を咲かせるが果実が付くのは雌株の方である。葉と花は食用とされ、果実は香辛料や薬用にされる。またこの樹皮は魚毒で、昔は川で山椒の木や葉をたたいて川に流し、浮き上がる魚を獲っていた。宮沢賢治の童話の中に、山椒の毒を川に流した警察署長のはなしもある。

　山椒の若芽は料理の香りつけにつかわれるが、俳句では春の季語となっている。秋に赤く熟し果皮がはじけて中のつややかな黒い種子があらわれる山椒の実は、秋の季語である。

山椒の芽母に煮物の季節来る　古賀まり子
擂鉢(すりばち)は膝でおさへて山椒の芽　草間時彦
爆じけたる過去ほろ苦き山椒の実　安田　孝
山椒の実生家も婚家も山家にて　中貝貞子
山椒の実含みて口のしびれけり　土谷すみ子
山里や道に花もつ山椒の木　鹿　垣

　山椒の品種にアサクラサンショウ（朝倉山椒）がある。兵庫県養父市八鹿町朝倉でみつけられたのでこの名がある。養父市のホームページ「まちの文化財（八六）徳川家康と朝倉山椒」によれば、朝倉山椒が史料にあらわれるのは、慶長一六（一六一一）年九月二六日、駿府城の徳川家康に但馬生野奉行の間宮新左衛門が朝倉山椒を献上したものである。また豊臣秀吉が、天正一四（一五八六）年に茶店で白湯(さゆ)に焦がした山椒をふりかけて浮いたものを飲んだと言う話も伝わっている。朝倉山椒の命名は、明治四五年に植物学者の牧野富太郎が新種として登録したが、現在は山椒

民家に栽培されている山椒。
棘のない朝倉山椒と言う品種がある。

の品種となっている。朝倉山椒は枝に刺がなく、実がおおく、香りが良いのが特徴である。朝倉山椒のふる里の八鹿町朝倉では現在も山椒の栽培が続けられており、「JAたじまの朝倉さんしょう生産部会」には会員が一九四名いて、三七二〇kgを出荷している。栽培されている朝倉山椒は、山椒を台木にして朝倉山椒の穂を接いたものがおおく用いられている。

朝倉山椒は、京都の宇治茶とおなじように大名の贈答品となっており、出石藩（いずし）や篠山藩の殿様が、江戸の将軍へと献上するお国名物であった。枝のついた房のままの成熟した山椒を、袋や箱に入れて献上した。朝倉山椒の繁殖は接ぎ木でおこなわれる。

またもう一つの品種として和歌山県に葡萄山椒（ぶどう）がある。葡萄山椒は朝倉山椒から自然に派生した系統で、天保年代（一八三〇～四四年）に和歌山県有田郡有田川町の旧清水町遠井地区に自生していたものを植えたのがはじまりとされている。果実は大粒で葡萄の房生りである。葉には極上の香りがあり、実はピリっとした辛味があり、その辛味はことのほか強く、実をそのままかじると舌がしびれてしまうと言われる。西洋医学が導入される前には、この実が麻酔としても利用されていたと言われる。実の収穫は七月上旬から八月上旬である。葡萄山椒は作りやすい豊産種で、一本の木からおおく収穫できる。

朝倉山椒にはさらに止々呂美系、北斗系、三朝系、後川系、坊口系と言う地方ごとの系統がある。系統ではないが、実のつき方で豊産樹の青芽と、不良樹の赤芽とに区別される。青芽は、果実の房も粒もともに大きく、緑色が濃く、実とり栽培にもちいられる。赤芽は、芽も幼い果実も赤味があり、果実の房も粒もともに小さく、収穫量があがらないので、栽培利用はされない。

山椒の香り成分と青山椒佃煮

山椒の果実にふくまれている香りの成分を兵庫県立農林水産技術総合センターなどの廣田智子、田畑広之進、吉田健児、小谷良実、真野隆司が分析し、「アサクラサンショウ果実の香気成分と加工適性」（『兵庫県立農林水産総合センター研究報告（農業編）第六四号）』二〇一六年）として報告している。

廣田らが分析した山椒の品種は、朝倉山椒、赤芽系統（タカハラサンショウ）、葡萄山椒、山山椒（ヤマサンショウ）（山地に自生している種類）と言う四つの種類である。試料は、朝倉山椒はおもに佃煮加工用として五月下旬から六月上旬に収穫期をむかえる未熟果実が利用されているので、この研究では五月下旬に収穫した朝倉山椒の実をつかった。他の系統については、同等の熟度で収穫したものをつかった。

四つの分析試料に含まれているポリフェノールは、試料一〇〇g中〇・九八〇～一・六三八gと、試料によってふくまれている量に幅があった。果実の香りの成分は、リモネン、フェランドレン、ピネン、シトロネラール、酢酸ゲラニルと言う五つの成分で構成されており、これらの香気成分の組成比は系統によって違っていることがわかった。四種類の試料ごとに香りの成分の比率の違いについては、ここでは触れない。

廣田らが山椒の香り成分の分析をした目的は、論文のタイトルに見られるように、兵庫県特産の朝倉山椒の加工適性を調べるためであった。朝倉山椒の未熟果実は他の系統の山椒よりもリモネンの割合が高く含有量も多いと言う柑橘系の香りを特徴とすることが明らかになった。これまでの研究で山椒の香りの成分では、リモネンのほうが官能的寄与が大きいことがわかっているので、朝倉山椒は他の山椒系統よりも香りの面から優位性が高いと考えられた。

また、山椒の佃煮加工適性としては果実が軟らかいことが重要視されるので、未熟果実の破断試験をおこなったところ、果実が軟らかくて弾力が小さい特徴を持っており、他の系統にくらべて佃煮としての加工適性がすぐれていることがわかった。

　現在、佃煮加工用として流通している山椒の果実は、朝倉山椒と葡萄山椒の二系統だけである。但馬産の朝倉山椒は以前から取引きのある佃煮業者からは、果実の軟らかさや香りの良さが高く評価されてきたが、他の加工業者や一般の消費者にはその良さが十分に知られているとは言えない。

　佃煮加工用の山椒の未熟果実は出荷時期が早いほど、「旬（しゅん）もの」として高値で市場取引される傾向があり、南部に位置している和歌山県産の葡萄山椒のあとから、出荷がはじまる兵庫県産の朝倉山椒は価格的には不利な立場にある。

　山椒の佃煮は、青山椒と言って未熟な果実を摘んだものである。中の白いものが新鮮で柔らかく、黒くなったものは摘んでから時間が経ちやや固くなっている。房になっているものをハサミで切り分けるが、細い軸があってもさほど食感に影響しない。

　湯をたっぷり沸かし、実山椒を入れ、指でつぶれるくらいの固さになるまで、およそ五分くらい茹でる。すぐに冷水にとり、水をときどき替えながら一時間から半日さらす。さらす時間によって辛味がちがう。さらしがおわったら、ざるにあげ水気をきり、鍋に入れ、ひたひたの水をそそぐ。醤油と酒とみりんを適度に入れ、汁気がなくなるまで煮ると、佃煮が完成する。密封容器にいれておくと、冷蔵庫で六ヶ月保存できる。

山椒の葉っぱの利用

　山椒は茎、葉、花、果実、樹皮のすべてが香辛料としてつかえる日本原産の香辛料である。

　山椒はふるくからつかわれてきたこともあって、部位ごとにそれぞれ名前がついている。よくつかわれるのは実の部分で、実山椒、青山椒である。青山椒は、熟すまえの未熟な青い色をした実をさし、秋に熟して赤茶色に変色したものを実山椒と言う。実山椒をひいて粉にしたものが、粉山椒である。

わが国では葉っぱの部分もよくつかい、若葉のものを木の芽と言う。山椒の葉は、春先の芽立ちのころから初夏までが独特の香りとほろ苦さが味わえる食べごろで、それをすぎると香りも苦味もぐんと落ちる。山椒の葉は、味噌に和えたり、天ぷらにしても良い。木の芽は主としてお吸い物に浮かべたり、ちらし寿司などにあしらいとしてつかわれる。また料理に薬味としてそえられ、彩(いろど)りと香りが料理を引き立たせる。味噌とすり混ぜ、豆腐に塗って田楽(でんがく)にしたり、竹の子と合わせて木の芽和えとすると、さわやかな香りと緑の色で、春らしい一品となる。

落花した直後の山椒の未熟果実。

木の芽の香り成分である精油は、葉の油室または油包と呼ばれる組織にふくまれているので、たたくとこの組織がこわれ、中の製油成分が外にでてくるのでつよい芳香をだすようになる。そのため、木の芽を薬味にそえるときには、洗って水切りしたものを手のひらでたたいてから、つかうと香りが良くでる。

京都の北西の山地にある鞍馬寺は、源義経が牛若丸とよばれていた幼少のころ、ここで過ごしたことはよく知られている。鞍馬寺への参拝土産の一つに木の芽煮があり、鞍馬の名産品として広く親しまれ、今日にいたっている。

京都の奥座敷と呼ばれる鞍馬地区は山深いところで、山菜がたくさんとれた。その山の恵である山椒の芽、あけび蔓(つる)、山蕗(やまぶき)などを塩漬けした「木の芽漬」を、かつては副食として常食していた。それがいつの間にか佃

あけびの新しく伸びたつる。
京都の鞍馬では山椒の芽などに共に漬けられ「木の芽漬」として食べられていたが、いつの間にか「木の芽煮」として名物となった。

煮の「木の芽煮」となった。

鞍馬寺は平安時代初期に創建され、その山下の鞍馬は門前町として栄え、同時に炭や薪、木材などの山の産物の集積地として発展した。また京と鞍馬を結ぶ鞍馬街道は、京から若狭へとつながる鯖街道（さばかいどう）の一つとしても人びとの往来が盛んであった。若狭（福井県西部の若狭地方）から鯖といっしょに昆布が運ばれ、鞍馬特産の山椒とであい、木の芽煮がうまれた。

今日売られている木の芽煮は、昆布の佃煮をおよそ二㎜角に刻んだものと、山椒の葉と実がいっしょに炊きこまれており、山椒の香りが食欲をそそり、ご飯のおかずに持って来いと言われている。鞍馬で木の芽煮を作って販売しているところは五軒あり、昔ながらの小規模な店には、創業が明治一六年と言うところもある。

木の芽煮の特徴は、具材を刻んだところにあるが、なぜ刻まれたのかは、はっきりしない。京都新聞が製造販売の廣庭商店の四代目の女将から聞いた話では、往来がおおいと言うことは旅籠（はたご）もおおく、旅や仕事での弁当の需要があり、おにぎりに入れやすくするために刻んだのだと言う。

木の芽の時期がおわるころ、山椒は花をつける。その花は花山椒（はなさんしょう）と呼ばれる。花山椒は雄花で、五月の短い期間であるが、淡い小さな花芽がでる。実のような辛味はない。花山椒は、吸物に入れたり、酢の物にしたり、佃煮にしたりすると、優しい香りと上品な味わいが楽しめる。

各地の山椒の味わい方

京都には花山椒鍋と言う季節限定の料理がある。牛鍋に花山椒をたっぷりともりこんだもので、香り高い山椒が出汁に溶け込み、牛肉のうまさにアクセントをそえる。

大正のおわりごろから昭和のはじめごろの各地の食生活を聞き書したものの一つ、『聞き書　兵庫の食事』には、現篠山市奥畑での山椒の実の佃煮のことが収録されている。それによれば、奥畑では山椒の木は山にもあるが、家のまわりにも植えている。六月になると、家のまわりにある山椒の木からまだ青い実をとり、いったん茹でてから生醤油（他の調味料は加えず醤油だけのこと）で炊いて佃煮にする。また茹でた実を、ガーゼでつつんで味噌漬けにする。これも珍味である。炊きたてのご飯にのせて食べるのが味わい深い。

『聞き書　京都の食事』によれば、桑田郡京北町では山椒は風味が良いので、若葉をお汁に浮かし、木の芽和えなどにつかうと言う。大きな葉は葉柄をとって、醤油だけでゆっくりと煮込むと、日持ちが良く、おかずとして食膳をにぎわし、食欲そそる。

夏至のころが、山椒の実を採るのにちょうどよい時期である。これも葉とおなじように、生醤油で煮込んでおく。そのまま弁当のおかずにしたり、川魚を煮るときの匂い消しにいれると重宝である。

竹の子を料理するとき、山椒の若芽、味噌、ごま、砂糖をすり鉢でよくすりこんだ中に、茹でて小口切りし、醤油で薄味を付けた竹の子を入れて和えると、熱いご飯にぴったりと合う。

京北町では好みによりいろいろな味噌を作る。ごま味噌、山椒味噌、ふきのとう味噌、ミカンの皮味噌などは、とくに風味が良い。山椒味噌は、摘んできた山椒の芽をすり鉢ですり、味噌をくわえて、混ぜ合わせたものである。ご飯にのせて食べる。

丹後の伊根町では、山椒の葉を湯がいてむしろに広げ、乾燥させた後、一斗缶にいれて保存する。こうしてたくわえたものを水でもどして、醤油で炊き佃煮としたり、へしこ（鯖を塩と糠をまぶした保存食）の上にさし（ちいさな虫の幼虫）がわかないように置いたりする。

『聞き書　岐阜の食事』は福井県に近い山奥の揖斐郡徳山村での山椒味噌と〝さんしょ豆〟を記している。山椒味噌は、山椒の葉を摘んできてすり鉢ですり、味噌と砂糖を入れ、さらにすり合わせる。独特の香りとピリっと舌を刺激するその味は、そのまま熱いご飯にのせて食べても美味しいが、竹の子を和えても、こんにゃくにつけて食べたりするのも良い。また豆腐田楽にもつかう。豆腐を薄く切って串にさして焼き、山椒味噌を塗ってもう一度焼く。来客時のごちそうになる。さんしょ豆は、大豆は調味料代わりと言われるほど、あいくさ（不詳）と煮るとうまみが増すが、これを山椒の若葉とともに水気がなくなるまで煮る。味付けはたまり（味噌桶にたまった味噌からの浸出液）である。ほどよい舌への刺激が、「春の味」としてよろこばれる。

『聞き書　福井の食事』は奥越の勝山市河合と大野市森山での山椒の実の佃煮を記している。五月ごろ、山椒の実がまだ固くなりすぎないころに、摘みとる。辛味がつよすぎるので、これをやわらげるために一度茹で、そのまま冷ます。汁がぬるま湯程度に冷めたら」、ざるにあげ、冷水にさらし一晩おく。灰汁抜きした山椒の実の水気をきり、醤油で煮汁がなくなるまで煮つめる。

越前町新保の地は、水仙が山の斜面を黄と白で埋めることでよく知られている越前海岸にある。山椒は若くてきれいな摘みたての葉を鍋にいれ、醤油をくわえて弱火で汁気がなくなるまで煮つめる。煮つめるとわずかになってしまうので、若葉の出る五月ごろ、袋を持って山にゆき、できるたけたくさん摘んでくる。

山椒の実は、軸をきれいにとって一晩水につけておく。翌日よく水を切って、醤油を実が浸る程度に入れ、弱火でとろとろと汁気がなくなるまで煮つける。こうして煮ておくと一年中、昆布の佃煮を煮たり、鰯を煮たりするときいれることができ便利である。

日本特産の香辛料、粉山椒

山椒の果実は乾果とよばれ、秋になった果皮が赤く熟してくると、自然に外側の皮が割れて黒い種子があらわれる。山椒は赤と黒と言う二色の効果で鳥を誘い、種子を食べさせる。鳥は種子の表面をおおっている油分を吸収した後、種子の本体は糞として排泄し、分布地を広げる役目をはたす。山椒の実を食べにくる小鳥は、オナガ、コムクドリ、ヒヨドリ、ルリビタキ、ジョウビタキ、キジバト、キジ、メジロなどである。

熟した山椒の果実を乾燥させ、果皮を粉末にしたものが粉山椒である。赤く熟した山椒の果実を収穫したら、よく水洗いしてから一週間から一〇日くらい、茶褐色になるまで自然乾燥させる。外側の果皮と中の黒い種子は選別する。中の種子はつかわない。果皮をすり鉢にいれ、山椒のすりこ木で押しつぶすように砕く。茶こしなどでふるいにかけると、粉山椒ができあがる。ふるいにかけて残った山椒も、香料としてつかえるので捨てない。

粉山椒は日本が世界に誇れる香辛料である。鰻のかば焼きにふりかけてつかうことは、みなよく知っている。また味噌や醤油などと相性が良いので、味噌汁、吸物、魚や鶏肉の照り焼き、味噌炒め、味噌煮、きんぴらなど、はば広い料理に合う香辛料・調味料である。粉山椒は塩と合わせてつかうことができ、粉山椒と塩をあわせた山椒塩をから揚げにかけると美味しくなるし、後口がさっぱりとする。

山椒の実とチリメンジャコをいっしょに煮込むと、チリメン山椒になる。秋田では、木の芽は味噌汁や吸物にはなしたり、ワラビたたき、ミズたたきに入れたりする。

「山椒は小粒でもピリリと辛い」と言われる山椒の果実は、古代から肉や魚の腐敗防止、匂い消し、食欲増進のためにつかわれてきた食材である。その気品ある香りと独特の刺激的な辛味により、現代も欠かせない香辛料あるいは調味料となっている。

筆者は小学生時代に、山椒醤油を溜池の淡水魚の焼いたものにかけて食べた記憶がある。筆者の生家のある岡山県北東部の美作台地は寡雨地で、台地にきれこんだ細く小さな谷間には山田が作られ、それぞれの谷間の最上部は溜池となっていた。秋に稲の収穫がおわると、溜池にたまった水は稲の生育には不要であり、土手の痛み具合を診断するためにも、水は抜かれた。「池の水抜き」であるが、そのとき夏の間に溜池で大きくなった鯉や鮒、鰻、鮠などを捕るのである。池の持ち主にいくらかの入漁料をはらって、魚取りに参加する。池がおおきいほど大勢の参加があり、大イベントとなる。奥さんや女の子は土手で、池の中のそれぞれの家族に大声で叫びながら声援をおくる。

大人も若者も小学生も網とざると魚篭を持ち、池にはいる。入漁料をはらって、参加資格の印さえあれば取り放題である。筆者はまだ小学生だったので、大物の鯉や鰻は無理だったが、鮒などの小魚は魚篭に半分くらいは獲れた。兄も弟もいっしょなので、夕方には大漁の魚を家に持ち帰った。その後、また一仕事がある。小魚のはらわたを抜き、竹串にその小魚を数匹から一〇匹をさし、炭火でこんがりと焼く。焼きあがった魚の竹串は、小麦わらで作った束にさし、飼猫にとられないところに下げ、カラカラに乾燥させた。海から遠い山里では貴重なたんぱく源であった。乾燥しきった竹串の魚をもう一度火であぶり、山椒醤油をかけて、ご飯のおかずにして、頭から骨ごとばりばりと食べた。秋の時期のたいへんなごちそうであった。

竹串の魚の干物を食べるまえには、畑のかたすみに生えている山椒の木から、ちょうど熟している山椒の実を採ってきて、すり鉢でゴリゴリすって粉にし、そこに醤油をいれ、家族七人分の山椒醤油の準備をした。

山椒の樹皮の佃煮と実の保存

山椒の樹皮にも独特の香りと辛味があり、兵庫県の一部では佃煮として食べられてきた。兵庫県神崎郡神河町新田地区では、山椒の木の薄い樹皮を佃煮にした「からかわ（辛皮）（山椒のうす皮の佃煮）」が作られており、平成二四年度「五つ星ひょうご」選定商品となっている。いまでは山に山椒の木がすくなくなったことと、加工に手間がかかることから、なかなか味わえない山の味となっているが、かつては新田地区では各家庭で作られていたと言う。新田地区の山で育った山椒の木を冬場に採取し、荒皮をとった白い内皮を流水で灰汁抜きした後、細かく刻んで炊き上げる。山椒の実の数倍にもあたる刺激やしびれ感が特徴で、一度食べたらクセになる味わいだと言う。地元の人は、耳かきいっぱいで、酒を一升（一・八ℓ）飲めると言って、酒の肴にしている。

『聞き書　兵庫の食事』は多紀郡篠山町（現篠山市）奥畑で聞き書したところによると、山に自生している山椒の枝を、春から秋までの期間中に一反風呂敷（いったんふろしき）いっぱい採ってきて、幹皮（からかわ）の佃煮を作る。樹液があがっている時期なので枝の皮はするりとむける。これを細い千切りにして、干しておく。樹皮だけを煮ても良いが、昆布の佃煮に入れても良い。実よりももっとヒリヒリする。

山椒の果実は栄養分豊富で、ビタミンBとE、カルシウムや鉄分、そのほかにも食物繊維やサンショオール、シトロネラール、ジペンデン、フェランドレン、ゲラニオール、リモネンなどがある。

山椒の実は、大量に食べると意識障害や酩酊状態になることが指摘されている。これらは報告例はあるものの、現在のところ症状と山椒の実とのはっきりした因果関係は解明されていない。したがって適切な摂取量など発表されていないが、発症報告では山椒の実五〇粒ほどの摂取量で酩酊状態になった例が見られる。

山椒の実には、内臓機能を高めたり、胃腸を健康にしたりする働きがある。また、発汗や代謝を促したり、身体や脳の各機能を活発化させる効果もある。そのことから、山椒の実には「胸苦しさの緩和」「食欲増進」「冷え性の改善」「便秘解消」「心臓病や動脈硬化など生活習慣病の予防」「抗うつ効果」などの効果や効能があるとされる。

また山椒の実には、防腐効果や殺菌、消毒効果もある。

山椒の実の保存は、塩漬けや佃煮にする方法がある。佃煮や塩漬けはもともと保存食だから、これをやっておけば冷凍保存しなくても良い。塩漬けの方法は、下ごしらえをすました山椒の実を乾燥させ、ボウルに塩とともに入れ、重石をのせる。塩の量は山椒の実の重さの三〇%（山椒の実が一〇〇gなら、塩は三〇g）が理想である。しばらく置いて出てきた水は捨て、瓶詰にして軽く塩をまぶし冷蔵保存する。

筆者は秋口の果皮はまだ割れていないが、かなり固くなっている山椒の実を山から採ってきて、醤油だけで煮詰めた佃煮にして瓶につめ、食器棚に常温で保存していた。ときおり出して食べていたが、いつしか忘れて一〇年以上が経過していた。瓶から取り出してみたが、色がまっ黒に変わっているだけで、香りも味もまったく変化していなかった。

最近では和食が世界遺産に登録された影響もあり、和食らしさを特徴づける山椒に注目が集まり、海外の日本レストランはもとより、フランス料理をはじめ、西洋料理のかくし味としても利用されはじめた。

山椒を薬用とする

山椒はまた薬用植物でもある。

山椒は民間薬として、長野県下伊那地方の山あいでは、疲れたときには一日一粒ずつ山椒の実を食べると良いとされている。また水虫には、山椒の実を煎じた汁を塗ると良いと言われてきた。また皮膚のかぶれには、果皮を煎じた汁を、患部に塗ると良いと言われる。ひび割れやしもやけには、山椒の皮を煎じた汁を患部にあててマッサージすると、辛味の刺激で血行を促進させ、治療効果がある。神経痛には、山椒の葉を刻み、袋に入れてお風呂に浮かべると、中にふくまれている精油によって保温性を高め、刺激分が、神経痛などの症状に効果を発揮する。

正月のお屠蘇（とそ）は邪気（じゃき）を払うために飲む縁起物のお酒だが、山椒やシナモン（肉桂）、桔梗（ききょう）、防風（ぼうふう）、白朮（びゃくじゅつ）などがくわえられている。この配合は、中国の魏（ぎ）（三国時代の国の一つ）の名医華陀（かだ）の処方によるものだといわれている。なお、桔梗は秋の七草の一つのキキョウの根であり、白朮はオケラと言われる植物である。

薬用ではないが、ついでに山椒の実の防腐剤としての利用法がある。野菜を美味しく食べるためにつけるぬか味噌は、夏場になると腐りやすいが、山椒の実の果皮も種子も一にぎり入れてかき混ぜておくと良い。

山椒を薬用にするには成熟した果皮をつかい、できるたけ果皮から丸く黒い種子を取り除いたものをつかう。生薬名もサンショウ（山椒）と言い、辛味性芳香性健胃薬、整腸剤などとする。生薬とする山椒の実は、夏から秋にかけて、果実が赤く色づくころに採取する。これを天日で乾燥させ、たたいて中の黒く丸い種子をだして果皮だけにしたものが生薬となる。

山椒の成分のジペンテンやシトロネラール、サンショオールやサンショウアミドは、大脳を刺激して、内臓器官の働きを活発にする作用があるとされていて、胃腸の働きが弱くなった消化不良や、消化不良が原因の胸苦しさ、みぞおちのつかえ、腹の冷え、腹部のガスの停滞、それにともなう腹痛に効果がある。

健胃剤や防腐剤としてはたらく山椒の成分のサンショオールは、毒性も兼ねそなえている。生の葉や果実の汁を川にながして、その毒性をつかって魚を獲る習慣が各地でのこっているのは前述のとおりなので、香りや辛味に誘われて、ついつい食べすぎないように注意する必要がある。

山椒エキスは、保温、血行促進、白髪予防の薬用シャンプーなど美容品にもつかわれている。最近、山椒ポリフェノールの抗酸化力やサンショオールの脂肪酸燃焼を高める効果が報道され、健康ダイエットの面でもおおいに注目されるようになった。とくに和歌山産の葡萄山椒（ぶどうさんしょう）は、柑橘系のさわやかな香りを持ち、ストレス解消や精神安定、リラックス、集中力向上など、アロマ用途にも期待されている。

臭木の佃煮

山椒のことを長々と記してきたが、それほど山椒はわが国の樹木の中でも、重要な地位を占めている樹木と評価することができるからだ。山椒にはさわやかな良い香りがあるが、人によっては悪臭と言われるつよい臭いを持つ樹木でありながら、佃煮の材料として親しまれている木がある。その名も匂いそのままに「臭木（くさぎ）」と呼ばれるクマノツヅラ科クサギ属のクサギである。

臭木は北海道から沖縄までの山野、山すそ、川の土手などの日当たりの良い場所にふつうに見られる落葉の小高木である。高さ三ｍくらいになり、特別な害虫がいないので、砂防地の安定のため緑化樹木として利用されている。臭木は、森林が伐採されたり崩壊したとき、すばやく侵入して植物社会を復活させはじめるパイオニア樹木の一つである。都会のコンクリートのわずかなすき間にも生えているのが目に付く。

「くさい」と言うけれど、胸が悪くなるような悪臭ではない。ふつうの木の葉っぱの青臭い匂いとは違ったものだ。臭い匂いを持っているのは葉っぱで、花のほうは甘くほのかに百合やジャスミンのような香りがする。

臭木の葉っぱを佃煮などとしてよく利用しているのは、中国地方、北陸南部、四国、九州で、「庭に臭木を一本植えておけば、佃煮屋を一軒かかえているようなもの」と言われるくらいである。東日本側ではほとんど利用しない。利用しないところか、臭いから不要樹木と見て、ふまれたり折られたりするなど、ひどい扱いをうけている。地域によって植物文化の違いの見られる樹木である。

臭木の枝は粗大でもろく、葉は幅一〇㎝、長さ一五㎝くらいのハート形で、柄は長く、向かい合って出る。若いうちは葉両面に白い毛があり、異臭があるのでこの名がついた。葉は木についているときは匂うが、摘み取ってから、しばらくすると臭わなくなる。また臭木の葉の臭いは、茹でたり、蒸したりするとなくなる。花はま昼に咲く。夏のおわりごろまで、たえず新しい茎をのばして若い葉をつけるから、摘む気になればそれこそ「佃煮やをかかえている」ようなものだ。

葉っぱをつかうのは春先の若芽が良く、おそくなるとしだいに苦味が強くなる。苦味が強くなったものは、すこし時間をかけて湯がき、冷えるまでそのままおく。春の若葉は、茹でて水にさらし灰汁抜きをしてからおひたしなどの料理の具材としてつかう。

徳島県では臭木の葉を茹でて乾燥し、これを貯蔵しておいて、水にもどしていろいろにつかう。石川県能登地方の宝達志水町でも、昔から臭木の葉をサッと湯がいて、すばやく一枚ずつ広げて乾燥させ保存する。

最も一般的な調理はてんぷらで、葉を生のままで、衣は少なめに片側だけにつけてあげる。衣が多いと臭みがのこり、火がつよすぎると味も香りもなくなる。

臭木の若芽。この芽を佃煮とする。

『聞き書　兵庫の食事』によると篠山市奥畑では、五月ごろ山で臭木の芽を摘んでくる。採ってすぐに煮物にして食べるが、茹でてからむしろに広げて干し、貯蔵しておく。煮物にするときには茹でてもどして灰汁を抜き、煮干しの出汁で煮て、醤油で味をつける。

『聞き書　京都の食事』によると丹後の伊根町では、桐の葉によく似た臭木の葉は、桐の芽が出た頃に採るのが良いと言われ、月のはじめでは、とくに柔らかいとされる。名前のとおり匂いのたいへんつよい葉で、そばにいったたけで匂う。あまり良い匂いではないこの葉が、美味しく食べられるのが不思議である。土用に食べると夏負けを防ぐと言われる。

山から採ってきたものはすぐに湯がくことが大切で、すぐに一時間ほど湯がく。しっかりしぼってから乾燥させ、保存する。乾燥した臭木の葉をまた三〇分くらい茹でてもどし、一週間ほど水につけておく。その間、たびたび水をかえる。よくしぼって、細かく刻み、油で炒める。出汁じゃこ、油揚げを入れて、醤油ですこし濃い目の味に煮こむ。

にしんを入れて炊いても美味しい。また油炒めをせず、醤油だけで煮炊きしたり、小豆を入れて醤油味でべちゃべちゃに煮るのも美味しい。こんな手間をかけるのも、風味があり、体に良いと言われるからである。

臭木はまた薬用植物で、生薬名を臭梧桐（しゅうごどう）といわれ、夏に葉と小枝を乾燥し、煎じてリュウマチ、高血圧、下痢などにつかう。殺菌作用が非常に強く、腫物や痔は煎じた液で、患部を洗う。民間療法では、葉をちぎって酢につけておいて、主に足にできたできものに塗布すると腫れがひくと言われる。またふるくから、臭木の根元の幹に入りこんでいる白い虫を、小児に焼いて食べさせると疳をおさえると伝えられている。

ウコギ科の樹木の利用

ウコギ科の植物は特有の香気を持っており、山菜として利用する種が多い。いちばんよく知られている山菜として独活（うど）があるが、これは山菜と言うよりも栽培して軟白化したものは、もはや野菜と言って良い。独活は草本なので、ここではとり扱わない。

山菜として食す樹木で何とも言えない香気を放つ若芽を「一　タラの芽、二　ハリギリ、三　コシアブラ」と称されるウコギ科の三兄弟がある。そのほか科の名前となっているウコギとそれとタカノツメがある。

タラノキは高さ二～六mで、あまり枝分かれをしない落葉広葉樹である。典型的な陽樹で、パイオニア樹木の一つである。葉は二回羽状の複葉で、枝のはしに固まって放射状に付く。樹皮には幹から垂直にのびる刺が数おおくでている。北海道、本州、四国、九州に分布し、原野、丘陵、河岸、山火事跡地、森林の伐採地に最もはやく根を下ろす。大小の集団を作って群生する。

タラノキの利用で有名なのは新芽の山菜としての利用である。新芽は特有の香味があり、ぽってりとした油っこさは山菜の中でも指折りで、栄養的にもすぐれている。採取時期はふつう五、六月で、若芽を枝からもぎとり、はかまをむしってから調理する。茹でたものは胡麻味噌和えが最も良く合う。てんぷらとも相性が良く、口いっぱいに広がる独特の芳香が特徴的である。

タラノキの薬用は、樹皮は楤木皮（たらのきかわ）、根皮は楤根皮（そうこんぴ）と呼んで生薬とされる。乾燥させたタラノキ皮を煎じて服用すると、血糖降下、健胃、整腸、糖尿病、腎臓病に効果があると言われる。芽を食べても同じような効果が期待できると言われる。

ウコギは中国が原産の樹木で、薬用植物として入れたものが、全国に広まったものである。高さ二～七mの落葉低木で、ふつうは人家の生垣などに栽培されるが、河岸や山の麓などに野生状態で、しばしば群生している。枝は細かく分枝し、刺がある。

すっかりたけたタラの頂芽。こうなると食用にはならない。

食用とする若芽は、ふつう四～六月ごろで、一株でも枝数が多いので、たくさん採りやすい。調理は、茹でて浸したもの、ごま和え、酢みそ和え、煮びたし、ひや汁、煮つけ。てんぷらにはとくに良く合う。山菜としては淡白な苦味と、ウコギ科特有の香りが味のポイントである。整腸作用があり、強壮食品として利用価値が高い。

コシアブラは、北海道、本州、四国、九州の原野、丘陵、河岸、山の麓などに生育して、高さ三～二〇mの落葉低木である。この木から昔、樹脂を採取して金漆（ごんぜつ）と言う漆に似た塗料にもちいていたことから、ゴンゼツと言う名がある。

若木の肌は灰白色を帯び直立するものがおおく、葉は倒卵形楕円形の五小葉からできている掌状複葉で、質は薄い。山菜として利用する場所は若芽で、採取時期は四～六月で、枝のつけ根からもぎとり、はかまをむしり採ってつかう。山の緑色をしたたくさんの山菜の中で、コシアブラの若芽ほど脂肪とたんぱく質を豊富にふくんでいるものは、同類のタラノ芽以外には見当たらない。

コシアブラの風味は、こくのあるまろやかさで、山菜の中でトップである。若芽を茹でて胡麻和え、生の芽をてんぷらにするのが最も良い。また白和え、酢みそ和え、煮つけ、汁のみ、卵とじなどがある。果実と枝幹は家庭酒の原料とされる。

ハリギリ（針桐）は、北海道、本州、四国、九州に分布しているがとくに北海道におおく、朝鮮半島から中国にも生育している。林の中でも良く肥えたところに生育しているので、北海道開拓時代には、農地開墾の目印とされていたと言う。針桐を伐採し丸太として流通するときには、センノキと呼ばれる。

針桐の若木は枝や樹幹に刺があるが、老木になるにしたがって鋭さを失いコブになる。幹の樹皮にふかく縦にはいった筋（裂け目）がこの樹木を特徴づけている。高さは一〇〜二〇mになり、大きいものは三〇mになる落葉広葉樹の高木である。

針桐の食用とする部分は展開したばかりの新芽で、これまで述べたウコギ科の樹木とおなじように山菜とされる。みた目は、タラノキの芽やコシアブラの芽とよく似ているが、苦味やえぐ味として感じられる灰汁がややつよい。そのため、食用としない地域もある。しかし、しっかりと灰汁抜きをすれば、コシアブラと同じように非常に美味で、利用価値は高い。

新芽の採取時期はふつう五、六月ごろであるが、鋭い棘があるので、十分な注意が大切である。

フライやてんぷらにするのが良く、茹でて胡麻味噌和えにしても風味を堪能できる。煮びたし、ひや汁、煮つけ、酢みそ和え、ぬか漬など応用範囲が広い。

果実は塩分をふくみ、ヌルデとともに、海からの塩が貴重だった時代の山里では、塩分摂取に利用してきた可能性は高い。

ついでに針桐は木材として有用な樹木なので、すこしふれる。

木材としてセンノキあるいは栓と呼ばれる。針桐の中には、鬼栓と言う加工にむかないものと、軽く軟らかく加工がしやすい糠栓と呼ばれるものがある。糠栓は、建築、家具、エレキギター材や和太鼓材、仏壇、下駄、さい銭箱など広くつかわれる。耐久性はやや低い。環孔材で、材の肌目は粗いが、板目の面は光沢と年輪が美しく海外でも人気がある。

タカノツメ（鷹の爪）は北海道南部、本州、四国、九州の丘陵から山地におおく生育している日本特産の落葉広葉樹の高木で、高さは五～一五mになり、冬芽が鷹の爪を思わせるためこの名がある。材は軟らかく、樹皮は灰色でなめらかである。葉は三出複葉であるが、単葉、二小葉のものもまじっている。秋には美しく黄葉し、黄葉する樹木の中でもひときわ鮮やかで、各地で秋の里山に鮮やかな印象をあたえることが多い。

若芽は山菜として利用される。鷹の爪は低木性で、棘もなく、採取しやすい。採取時期はふつう五月ごろからである。鷹の爪の若芽も、他のウコギ科の樹木の若芽とおなじく、乙な味と香りの持ち主である。

針桐と同様に、フライやてんぷらにするのが良く、茹でて和えものにするほかに、煮つけや卵とじもおすすめである。

第四章　神仏に供える香りの樹木

一　仏に供える香木の樒

樒(しきみ)は日本独特の仏教香木

　香りを持つ樹で寺院と関係の深い樹木に樒がある。シキミ科シキミ属の常緑の小高木でわが国では、太平洋側では宮城県以南、日本海側では福井県以南から、沖縄および朝鮮半島南部などに分布する。山地に自生しているが、ふつう墓地などに植えられており、現在では供花用に販売することを目的として栽培するところもある。寺院にはなくてはならない大切な木で、花としてとりあつかわれ、境内の片隅や墓地、畠などにうえられ、必要に応じて枝が採取され、仏事につかわれている。毒があるため、野鳥や野生動物はお墓などに供えられた色花などは食いちらかすが、樒だけはまったく手をつけない。

　このことについて為永春水（佐々木貞高）は『閑窓瑣談(かんそうさだん)』（日本随筆大成編輯部編『日本随筆大成　第一期第六巻』吉川弘文館　一九二八年）の中で、つぎのように記している。

> 世の人樒(しきみ)の枝葉は仏事にのみ用ふるものには忌々(いまいま)しきように嫌ふて不吉の物とす。大きなる心得ちがひなるべし。樒は昔歌にもよまれたり（中略）。樒は愛宕の名木なり。また其香清浄にして神仏に供へ不浄を除く。墓原に樒をさしおけば、獣おそれて墓をあばき人の屍を破ることあたわず。夫故(それゆえ)に墓所へ供へ獣を除く用心とす。山近き畑にて猪・猿の類が畑物をとらざる様に、多く樒を植え、又は堀て置く芋などに樒を折て蓋として置けば、獣来たりて取ることあたわず

猿や猪が樒の香りをきらって、樒があれば畑に入ってこないと言うのである。近年人里に山から出て作物を荒らす

猿や猪の被害対策に苦心しているところが多いが、樒の香りの効果を確かめて見ることも必要と考える。

仏教木とされる菩提樹（ぼだいじゅ）が、仏教の祖お釈迦様がこの樹の下で悟りをひらかれたことによるインド由来のものであるのにたいして、樒は仏さまに香りを供えるため神の宿る常緑樹で芳香を持つこの木がえらばれたもので日本独特の仏教香木である。

高さ約三から五ｍに生長し、幹は直立し、葉は繁ってうっそうとする。世界にはシキミ属は約四〇種あり、ヒマラヤ、東アジア、東南アジア、北アメリカ、中央アメリカなどに分布する。

葉は全緑で厚く平滑で、互生し、光沢があり、両端は尖り、葉を痛めると香気がある。三月から四月ごろ、淡黄緑色の小さい花を葉腋（ようえき）につける。葉も花も幹も、全木に芳香があって、果実には毒がある。種子には「ハナノミン」と言う有毒物質をふくみ、牛馬の駆虫剤や寄生虫の駆除などにもちいるが、量をまちがえると死ぬほどつよい毒性を持っている。樒の葉をもんで小川の流れにいれると、魚が死んで浮いてくるほどの毒性を持っている。また全木に「アニサチン」と言う有毒物質もふくまれている。

樒は別名で、はな（花）、はなのき（花の木）、はなしば（花柴）、こうしば（香柴）、まっこ、まっこうぎ（抹香柴）、ぶつぜんそう（仏前草）、葉花、多香木（たかぼく）、花榊（はなさかき）、仏花（ほとけばな）などと呼ばれる。花、花の木や花柴の名前は、樒の枝葉を〈はな〉として仏前に供えるためであり、仏前草はそのものずばりの命名である。まっこや抹香柴は、この葉っぱを粉にして、抹香（まっこう）や線香を作るからである。

ゆかしさよ樒花（しきみのはな）咲く雨の中　　蕪村

線香の煙がけぶる春雨の墓地の中、ほんのりと白く浮きでる樒の花は、心静かに先祖を思い出させ、すぎこし方に

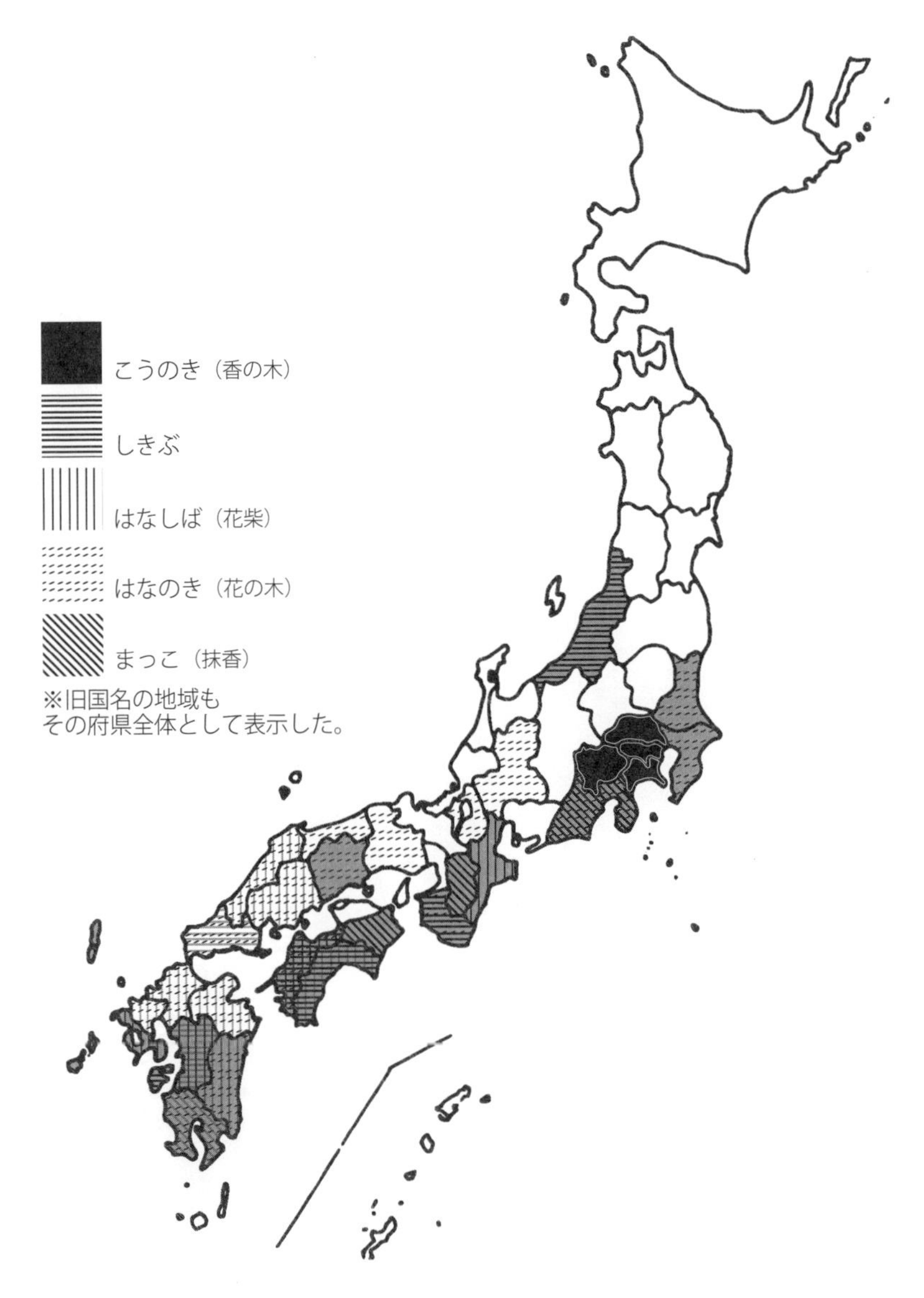

代表的な樒の方言の分布図

ついて感慨にふけらせるものである。

あはれなるしきみの花の契かなほとけのためとたねやまきけん　民部卿為家（『夫木和歌抄 巻第二九 樒』）

漢字では「樒」「梻」と書かれるが、「梻」はわが国で作られた国字である。ふるい書物には莽草とかかれているが、現在この字は生薬としてこの名称をつかっている。

大槻文彦は『大言海』の中で樒と梻のなりたちを、「重実ノ義、実、重クツク故カト言フ、神武紀ノ御長歌『イチサカキ、ミノ多ケク（しきみナリト）』ト見エタリ、字モ、木蜜ヲ二合シテ作レリ、多ク仏ニ供スレバ、木佛ノ二字モ、アリ」としている。大槻は木蜜と、蜜のほうを旁につかっているが、意味から見て密のほうであろう。

樒の字は、とくに密教の修法や供養にもちいられることに由来している。密教とは、仏教のひとつの宗派で秘密の教えを意味し、一般的には大乗仏教の中で秘密経をさし、秘密仏教の略称とも言われる。大日経、金剛頂経などが体表的な経典で、仏教の中では祈祷を重視しており、そのため呪文や儀式が整備されている。わが国には、弘法大師空海が伝えた真言宗系の東密と、伝教大師最澄が伝えた天台宗系の台密がある。これ以外の禅宗、浄土真宗、日蓮宗などの仏教の宗派は顕教と呼ばれる。

樒の語源には、貝原益軒が『大和本草 巻之十二 木之下（雑木類）』（矢野宗幹校注者代表 有明書房 一九八〇年）の中で、「毒木ナリ、其実ヲ食ヘバ死ス、シキミトハアシキミ也」としている説が一般に受けいれられている。そのほかに、新村出編『広辞苑 第四版』（岩波書店 一九九一年）は実に毒があるところから「悪しき実」からきたと言う説を支持しており、『大言海』の実が重なりあって付くところが「重き実」からきたと言う説、葉が四季をとおして美しいところが「四季美・しきみ」になったと言う説、実が扁平なための「敷き実」からきているとする説などがある。

牧野富太郎は樒の語源の説を決めかねたのか、『牧野新日本植物図鑑』（北隆館　一九六一年）の中で、「シキミは果実が有毒なので悪しき実の意味で、アと言う字が略されたものだといわれている。また一説に重実即ちシゲミの意で、実が枝に重げしく着くからだろうとも言われる」と二つの説をかかげている。

樒の実の形と青蓮華

樒と仏教とのかかわりは、とくに密教系の天台宗や真言宗の仏教儀礼との深い結びつきからはじまったようである。樒は奈良時代や平安時代初期にはサカキの一種として神にも供えられていたが、仏事におおくつかわれるようになるのは平安時代中頃からで、その時代の仏教は、奈良東大寺の華厳宗、薬師寺の法相宗などの奈良六宗と、比叡山の天台宗と東寺の真言宗であった。現在の日本の仏教宗派は、一三宗五八派と言われるまでにふえている。

南北朝から室町時代あたりになると、仏教は中世的な神道と習合した。神仏習合とは、わが国固有の神の信仰と仏教信仰とを折衷して、融合調和することを言う。神仏混淆とも言う。

天台宗と真言宗は、日本独自の山岳宗教である修験道とも習合し、修験道の行者である修験者を通じて全国に広がっていった。その後、その時代、その時代により宗派の勢力は異なるが、いろいろな宗派の教えが蓄積され現在の風習となり、仏前に樒を供える風習は一般化したのである。

寺院における樒の使われ方について兵庫県の丹波地方の密教寺院・常瀧寺のちけん和尚のブログ「しきみ（梻）についてによると、「しきみは、花として仏前に供えられるだけでなく、その乾燥した葉や樹皮からは線香や抹香が作られる。また真言宗や天台宗などでは護摩や灌頂の時にも使用し、樒は様々な修法に用いられている。田舎では亡くなられると、枕飾りに一本花を供えるが、その花は必ずしきみである。しきみを仏さまに供える理由として、樒の実の形がインド（天竺無熱池）の青蓮華（スイレンに似た華）に似て居るので供えるようになったといわれている」

護摩とは、密教の儀式のことであるが、もともとはインドの祭祀で精製されたバターを火に投じて神々を供養する儀式であった。これが密教に採用されて、中国・日本に伝わった。密教では不動明王や愛染明王を本尊とし、前に護摩壇を作り、炉の火で願い事（煩悩）を記した護摩木を仏の知恵の火で焼き、災難をのぞき幸福をもたらし、悪魔を退散させるよう祈願する儀式のことである。

また修法（しゅうほう）とは、密教で除災、招福などを目的として、厳格に決められた作法によっておこなわれる加持祈祷のことを言う。加持とは、仏が不思議な力で衆生を加護することを言う。加持祈祷は災いを除き願いを叶えるため、仏の加護を祈ることを言う。

密教では閼伽（あか）を、仏様に捧げる大事な供養品の一つと考えられており、閼伽をいれる閼伽器（あかき）には必ず良い香りのする樒の葉を入れており、ときには香木の白檀の小片も合わせていれるところもある。閼伽とは価値ある功徳の水、霊地の水、清浄な水、お客様に捧げる水とされている。そして修験道（しゅげんどう）においては、閼伽をお釈迦様の心の水としてとくに重視している。閼伽器の水に浮かべて供える樒のことを、「閼伽の花」と言う。

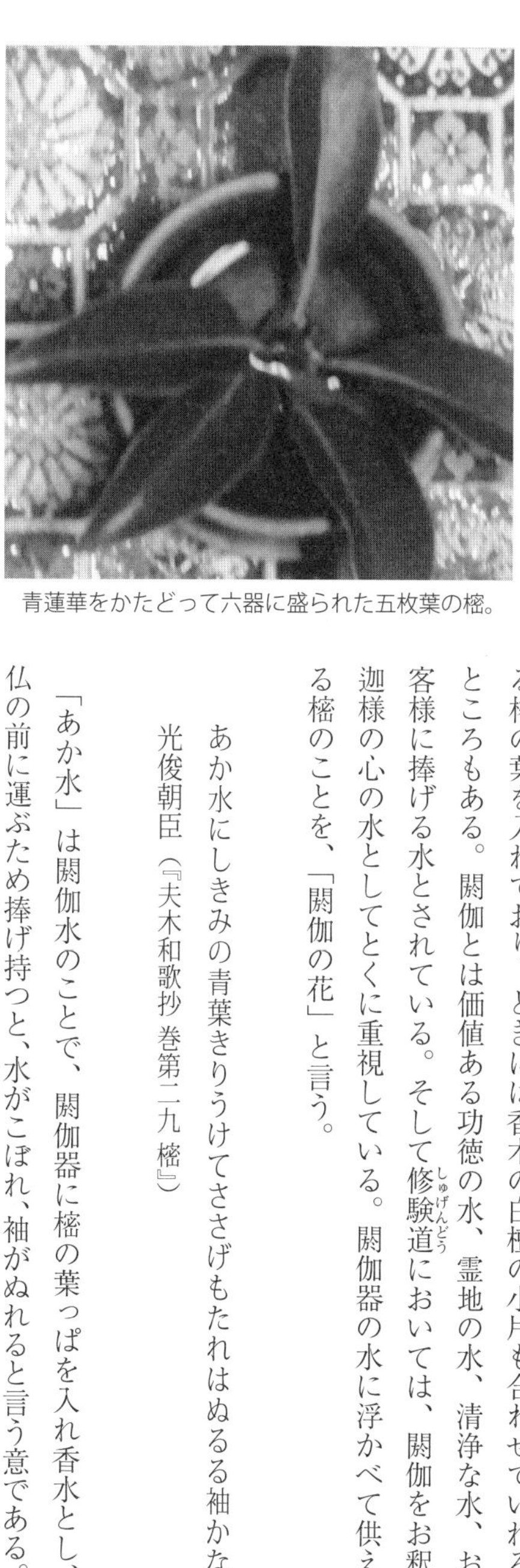

青蓮華をかたどって六器に盛られた五枚葉の樒。

あか水にしきみの青葉きりうけてささげもたれはぬるる袖かな
光俊朝臣（『夫木和歌抄 巻第二九 樒』）

「あか水」は閼伽水のことで、閼伽器に樒の葉っぱを入れ香水とし、仏の前に運ぶため捧げ持つと、水がこぼれ、袖がぬれると言う意である。

密教では樒の枝の先端の部分の五枚の葉っぱを青蓮華(しょうれんげ)の形と見て六器(ろっき)（六個の器のこと）にもり、護摩の修法のときは房花としてもちい、柄香呂としてももちいる。

死者が出ると一本花と称して、一本の樒の枝を供える地方もある。また死に水をとる際にも樒の葉に水をつけてることもおおい。

樒の切花をお墓に供えるのは、全国的な風習となっている。昔は、死者は墓地に穴を掘り埋めると言う土葬であった。埋葬された遺体を狼が掘りかえすのを防ぐため、動物の好まない臭気のある樹を周りに植えた。樒の香気は人間には良い香りであるが、狼や烏はこの香りが嫌いである。死臭に敏感な烏でも、樒の香りを嫌い、よりつかない。同様に樒の葉を棺桶にいれる風習があるのは、死臭を消すためとともに、死体を狼などから保護する意味があったのではなかろうか。

新しい墓を作ると樒を近くに植えて、害獣や害虫の被害を防ぐ地方もあり、墓に植えた樒が元気で成長する姿を、冥界にいった死者が幸せでいるとみなすこともある。

熊野の那智妙法山（西国三十三箇所の一番札所）では、死者の霊は枕元の一本の樒の枝を持って山に登り、奥の院に落としていくといわれている。

樒はなぜ仏前に供えられるか

樒がどうして仏前に供えられるようになったのかについて、東京都台東区根岸の真言宗豊山派千手院のブログ「下町の花のお寺」の仏事の樒では、

仏様の世界で咲く花『青蓮華(しょうれんげ)』に似ているから。青蓮華はたびたび仏典に見られますが、それは普通の蓮華とは

まったく違い、華葉は細長く極めて美しいといいます。この華葉が細長いところがシキミの華葉と似ているというのです。しかもシキミも青蓮華の故郷であり、仏様の住む天竺（インド）から伝えられたと言うのです。そして、日本に初めてシキミを持ってきたのは、あの有名な鑑真和尚（これは明治時代に書かれた『真俗佛事編』に載っています。「樒ノ実ハ本天竺ヨリ来れレリ本邦ヘハ鑑真和尚ノ請来ナリ　其形天竺無熱池ノ青蓮華ニ似タリ　故ニ此ヲ取リテ佛ニ供ズルト云々　供物儀」（『真俗佛事編』巻の二供養部六　引用）とあります。

青蓮華とは蓮の一種で、葉が長く広く、鮮やかな青白色をしていると言う。仏陀の目の形容にもちいられる。根拠ははっきりしないのだが、仏前に花を供えるようになった経緯は、お釈迦様が仏様になる前の前生で修行していたとき、燃灯仏（ねんとうぶつ）と言う仏様に、何かご供養したいと思っても、手元に何も供養するものがなく、近くにいた花売りの女性から五茎の青蓮華の花を買いもとめ供養したと言うお話に登場する。これが花を仏前に供えるはじまりと言われている。無熱池とは、岸が金、銀、瑠璃（るり）、玻璃（はり）の四つの宝で、いつも冷たい清らかな水がわき出し、全世界を潤すと言う想像上の池である。そこに青蓮華が咲くと言うのだから、青蓮華は理想郷の花と言うわけである。

この千手院の意見に対し、高野山真言宗大師協会権教師で葬送民俗史研究家の柿本明兼は一般財団法人ＳＲＳ研究所のブログ「枕飾り（二）—樒その二」で、樒は鑑真和上がもたらせたと言う説は間違いだと、つぎのように説明しているので少し長いが引用させていただく。

仏教用語の辞典など「樒」の項目に必ずと言って良いほど、インドから中国に渡ったものを唐の鑑真和上が日本にもたらしたと「真俗仏事編（一七二八年）」に記載されています。これは「木樒（もくみつ）」のことで樒の字がおなじことから混同されたものと思われます。

日本の榁は実際インドには分布しておらず、インド・中国とも仏教で榁を用いることはありません。鑑真和上が伝えた「木榁」とはサンスクリット語でデヴァダルと呼ばれる『ヒマラヤ杉』のことです。漢訳仏典の「法華義疏」に「形梅檀に似て微かに香気あり」「梅檀、および沈水、木榁その他の材で仏廟を起つ」と説明されていますが、インドでは建築などの用材樹として使用されており、仏廟を建てるには適しているといえます。

逆に日本の榁は仏廟を建築できるほど大木ではありません。混合されたもう一つの理由に鑑真和上が木榁を水に入れて作法に使用した「香水」があります。漢訳仏典で「木榁すなわち天目香樹」と説明されていますが、天目香樹とは葉の形や付き方がヒマラヤ杉によく似ている「ネズミサシ」のことです。ネズミサシは別名を和白檀と呼ばれるほど独特の香気があります。

真言宗の作法で実際に使用される香水は白檀（びゃくだん）、沈香（じんこう）、丁子（ちょうじ）の三種の香木を粉末にしたものを浄水に入れたものです。鑑真和上が白檀の代用に木榁を使用したのか、白檀を使用しているのにネズミサシと間違われて木榁と記されたのかは不明ですが、日本の榁を使用することはなかったと思われます。

柿本は日本産の榁はインドにも中国にも分布していないところから説き起こし、日本に自生している榁は鑑真和上がもたらせたものではないと、結論付けたのである。

仏前に榁の香り供える理由

仏前に香りの良い花を供える理由として、仏の世界では形体と言うものがなく、意識だけが存在とされている。それだから、食べ物はパンとかご飯とか三次元の物質は食べ物としての用をなさず、その香りだけは食べることができると言う説がある。香りが食べられたため、仏壇などにお供えした食物なども、量が減るこなくそのまま残っている

岡山県美咲町の両山寺の本堂。
仏に供える樒は
仏教用語で言うところの「花」である。

のである。したがって良い香りのものを供えることが、仏様を供養することになる。

毎朝、炊き立てのご飯をお椀にもってお供えするのは、炊き立てご飯の良い香りが、仏様にご飯となるので、供養となるのである。お菓子や果物もおなじことである。

だからどんな花でも仏前に供えれば良いと言うわけでなく、刺のあるものや、悪臭のあるもの、毒を持つものは供えることはできない。美しく良い香りのするものを供えれば、供養になるのである。

供養とは、仏に供えることで、仏の養い（やしない）にすることを言う。

仏花とはふつう仏壇の花瓶にいけるお供えのための生花のことを言うが、日本仏教では仏花とは樒のことをさしている。そして樒は開花した花を限定するのではなく、枝や葉もふくめており、樒の植物体の上部のものを指している。仏教での「花」とは、樒そのものを言うのであり、真言宗の僧侶は樒のことを「御花（おはな）」とよんでいる。

お寺では、ご本尊のすぐ前の上卓（うわじょく）と呼ばれる卓（たく）の両端の前面に、華瓶（けびょう）をお供えしてある。花瓶は水をお供えするものだが、そこに樒を数本さしてある。樒をさしておくと華瓶の水が腐らず、水を清浄に保つことができるし、年中本尊の前を樒の清々しい緑の葉が荘厳（しょうごん）してくれるからである。樒の葉は良い香りをさせるため、樒を水の中にさすことによって、水を香水と呼ばれる仏様に供える水に替えているとも言われている。

また花瓶にそれぞれの時期の花をさして供養するが、花瓶の水は腐りやすい。そこで樒をさしておくと腐るのを防いでくれるので、季節の花とともに樒を一緒にさいておくこともおおいようである。

京都の愛宕神社の神事と樒

　樒は常緑樹で葉っぱの表面はつるつるとして綺麗なので、平安時代あたりまでは栄え木として、神前に榊（さかき）とともに供えられた。樒と榊はほとんど区別されることはなかったようで、二つの樹木とも神事にもちいられる常盤木であった。その風が現在も残っているところがある。

　國學院大學の『万葉神事語辞典』は、樒は「平安中期の神楽歌の中に『狐（きつね）葉の香をかぐわしみ求めくれば』とあるように、樒もふるくは神事用の常盤木である榊の一つであって、神仏両用に使われ、独特の香りを持つために、香（こう）の木、香の花、香柴（こうしば）ともよばれた。今日でも京都の愛宕（あたご）神社では樒を神木としており」と記している。

　愛宕神社は京都市の西山となる愛宕山（九二四m）の山上に鎮座する神社で、愛宕権現の名で親しまれ、防火の神としてつよい信仰をあつめ、中世以降は修験者の行場としても栄えた。愛宕山は、比叡山、比良（ひら）山（さん）、伊吹山（いぶきやま）、神峰山（しんぽうざん）、金峰山（きんぷせん）、葛城山（かつらぎさん）の各山と愛宕を合わせて七高山とうたわれるほどの霊山の一つであった。

「山」のよび方が「ざん」「やま」「せん」「さん」と四種類となっている。ところによる地域性が見られる。

　愛宕山は山頂からの眺めが良く、京都市街はもとより南山城地域から奈良・大阪または丹波高原を一望することができ、その雄大で壮観な景観は京都市西部の山やまの中でもほかにはない。

　　愛宕嶺（ね）に立てば眼路（まなじ）もはるけしやあれや大和路これや丹波路　吉井勇

　愛宕社は、ふるくは戦勝祈願の地とされていた。明智光秀が織田信長を討つ前に、戦勝祈願に参詣したことはよく知られているところである。祭神の一つに火の神、迦具土神（かんつちのかみ）が祀られている　迦具土神は誕生のとき母神を焼かれたので火を司る神とあがめられ、民間では火除け・火伏（ひぶせ）の神として信仰されるようになった。

ふつう神社でもちいる神花は榊であるが、愛宕神社では火伏の神花はどうしてか樒である。これは明治初年の太政官布告の神仏分離令により寺を廃して、愛宕神社となった神仏習合の名残だといわれている。

本宮に参拝し「愛宕大神守護所」と記した守札を受ける。この守札を別に買いもとめた樒にくくりつけて持って帰えり、竈（竈のない現在では台所）に挿し、火難除けにする。竈に挿した樒はいつまでたっても枯葉が落ちないので不思議だと言う。農家では護符を篠竹にさして田畑に立てておくと、作物の虫除けになると言われる。

愛宕山の西麓の山間部には樒が多数生育する樒原（しきみはら）と言う地がある。愛宕山の呼び名のひとつに「樒が峰」があるのも、山の西側に樒が群生しているからであろう。

法（のり）の師のおこなふ袖にかほるなり樒が原の露の朝風　　蓮月

京都の西山にあたる愛宕山の愛宕神社。
火伏せの神として京都人の信仰は篤い。
（出典:『都名所図会　巻之四』近畿大学中央図書館蔵）

現在は京都市右京区嵯峨樒原となっているが、かつては原と呼ばれていた。原村と南隣の水尾村には樒が密生していたため、一帯は樒が原呼ばれていた。これが樒原の地名由来である。近世まで丹波国桑田郡に属していたが、山城国葛野（かどの）郡にうつり、愛宕山福寿院の寺領となった。近代になり京都府嵯峨村の大字となった。

江戸時代後期の貞享元（一六八四）年に国文学史研究の北村季吟が著した神社などの由来や来歴を記した文書であり、名所や名勝記である『菟芸泥赴（つぎふね）』と言う書物に「札をもとめて下山し家内に挿す」とある。

江戸期には赤前垂れをした水尾集落の「清めの樒女」が山上に設けた売

場で、樒を売ることに決まっていた。樒女は毎朝樒を採り、頭に樒をのせて、愛宕社に参詣した。神前に供えた後、参詣者に応分の謝礼を受け取り樒を授与した。樒女は榛の木染め（榛と桃の白皮）による赤袴を身につけており、これは天皇に仕えた女官の緋の袴の遺風とも言う。江戸時代以降は三巾の前垂れに変わる。

千日参り（七月三一日）では、火除けの護符「火廼要慎」と神花の樒が授けられる。これを持ち帰り、神棚、竈に供えた。竈に火をいれる際には、樒の葉をいれると火事にならないと言われた。今でも黒門の手前にハナ売場が設けられている。

また生誕三歳（あるいは三歳までに）で、一生の火難除けのため、夫婦に背負われて参拝すると言う習俗や、上棟式の際火伏のお札をうけて棟木に貼り付けると言う習俗も京都地方にはいまでも残っている。

余談だが、旱魃の際には、登山道を通らず、道なき道をよじ登り、太郎天狗の硯石と言う石の上の溜まり水を、汚れた柄杓で荒らすと、天狗が怒って雨を降らせると言う変わった雨乞い法が愛宕山には残っている。

兵庫県多可郡多可町の下三原貴船神社では、元日に雨乞い行事がおこなわれ、民俗行事として伝承されている。村人はフジ蔓で作った輪を付けた樒の枝に、神主から雨（お神酒）をふりかけてもらい、その枝を持ち帰り、田畑に挿してその年の五穀豊穣を祈念する。

岐阜県可児郡御嵩町の願興寺の蟹薬師（可児大寺）祭礼では、地元で一条天皇の皇女とされる行智尼の作と伝えられる高齢の女性の面をかぶった「蠅追い」に樒の枝で頭をたたかれると、一年間無病息災が約束されると言う。

箱根の門松と樒

神奈川県箱根山中の集落では、門松に松ではなくて樒をつかうところがある。江戸時代後期の民俗学者の喜田川守貞は『守貞謾稿　巻之二十六（春時）』（宇佐美英機校訂『近世風俗志　四』岩波書店　二〇〇一年）の「正月の門松」の項で、「今も箱根の山家にては、正月、門に松立てずして、大なる莽草を立つ」と記している。莽草とは樒のふるい漢字表記法で、現在は樒の生薬名のときにもちいている。

滝沢馬琴は「玄同放言（げんどうほうげん）」（日本随筆大成編輯部編『日本随筆大成　第一期第三巻』吉川弘文館　一九二七年）の巻の二で、「今も箱根の山家にては正月に門に松を立（たて）ずして大きなる莽草を立つ。豊後（現福岡県東南部と大分県北部）にもさる処あり。榊を立つる処もありといふ」と、箱根山中の集落では正月に松の代わりに樒を立てるところがあることを記している。

江戸時代に編集された相模国（現神奈川県）の地誌の『新編相模国風土記稿』（蘆田伊人編・校訂　雄山閣　一九九八年）第一巻および第二巻に、箱根の山中には正月の門松の代わりに樒を立てる村があると紹介している。同書は大学頭林述斎（林衡）の建議に基づいて編まれ、天保一二（一八四一）年に成立している。全一二六巻と言う膨大なものである。

須雲川村（巻之二十七）　土俗正月は門戸に門松をば立てず、樒を立てるを以て習いとせり。村の中程を東海道貫く。

畑宿（巻之二十七）　当所も正月松に替へて樒を立てり。

底倉村（巻之三十）　正月門戸に樒を立て、松飾の代とす。

大平臺村（巻之三十）　当村も正月門戸に樒をたてり。

仙石原村（巻之二十一）　当村及び宮城野村は、共に（注・足柄上）郡中に在りと雖諸事足柄下郡箱根の諸村と伍（ご）をなせり。是路次の便宜に因れるなり、又歳旦も門戸に樒を立て松に代ふ、是も彼地の風俗波及せしならん。

宮城野村（巻之二十一）　当村も歳旦門戸に樒を立て松に代ふ。

こうした風習は、この六カ村だけのようで、同書巻之十二「足柄上郡巻之一」の郡の総論にあたる「図説」では、「当郡風俗他に異なることなしといえども、南辺宮城野、仙石原二村は歳旦松に代て、門戸に樒を立てるを例とす」と記

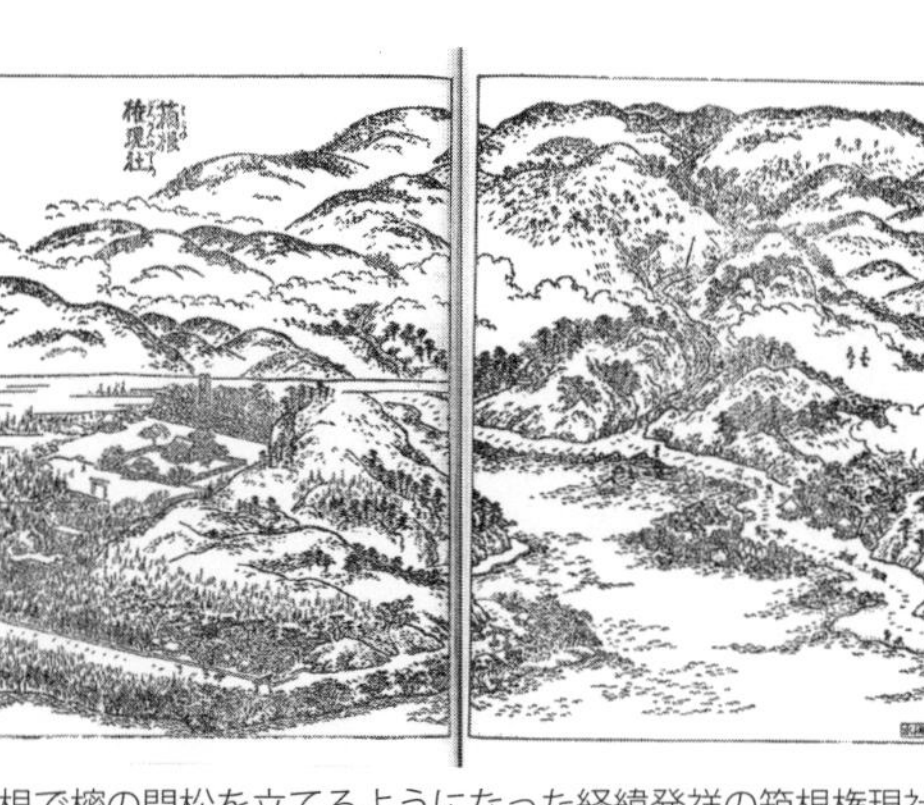

箱根で樒の門松を立てるようになった経緯発祥の箱根権現社。
（出典：『東海道名所図会　巻五』近畿大学中央図書館蔵）

している。箱根では、近世のおいては足柄下郡の四カ村と、南側で隣り合っている足柄上郡二カ村が、正月の門松を松の代わりに樒をもちいていたのである。

なお須雲川村と畑宿は現在湯本町となっており、底倉村・大平臺村・仙石原村・宮城野村は現在箱根町となっている。

正月の年神迎えの飾りが松でなく樒とされたのは、箱根権現の伝説と関わりがある。安藤正平・古口和夫編『箱根の民話と伝説』（夢工房　二〇〇一年）に「松嫌いの権現様」に記されているので紹介する。

ある晩、それは大雨のあとの霧の深い真夜中のことでした。狭い道には幾本もの大きな倒木が行く手をさえぎり、苔の生えた岩が雨にえぐられて突き出ていました。権現様は気をつけながらその倒木をまたぎ、岩根を踏み分けて下って来ましたが、時間がかかり過ぎてはいけないと少しあせりが出たのか、松の大木の根っこにつまずいて、足をすべらせころんでしまいました。

悪い時には悪いことが重なるもので、その時松の枝に引っかかって、松葉で片方の眼を突いてしまいました。権現様は大層腹を立てられ、おれの眼をこんなにした松なんかみんな枯れてしまえ、と言って神領内の松と言う松を全部枯らしてしまいました。それ以来、ここでは松は育たないようになってしまったのです。そのためこの地方では、正月に門松を立てることができなくなつてしまったので、松の代わりに榊や樒を使うようになりました。今でもこの風習が受けつがれている集落があちこちにあります。

民俗学者の折口信夫は「門松の話」（宇野千代編『花の名随筆一一月の花』作品社　一九九八年）の中で、箱根権現の氏子が松の代わりになぜ樒を立てるのか述べている。

門松は、ところによると、松も竹も立てないで、全然別のものを立てているところもあります。譬えば、箱根権現の氏子は、昔から、竹も松も立てないで、樒をたてます。此には伝説が付随しているので、箱根権現が山を歩いておられるとき、松葉で眼をつかれた。それで氏子は必ず片目が細いと言い、松を忌むのだというのですが、此の様な話しは、諸国にある餅なし正月の話しなどと同じで、合理的な説明に過ぎません。今日の考えから言いますと、樒は仏前のものとなっておりますから、それを門松の代わりに立てるのは如何にもおかしいと思いますが、昔は、榊が幾種もあったので、樒も、榊の一種だったのです。それなら、何故榊を立てるかが問題になるのですが、こうした信仰は、時代によつて幾らも変わっておりますから、一概に言うことはできませんが、正月の神を迎える招き代であったとも見られます。

奥三河の樒の門松

大津市歴史博物館編・発行の『大津の歴史事典』（二〇一五年）によると、大津市志賀町南船路では、正月の門松に樒をたてる習慣がある。これはこの地が石山寺の造営に尽力した奈良時代の僧良弁（六八九〜七七三年）の出身地とされ、良弁にまつわって仏式を重んずるからだと伝えられている。

愛知県の東北部で長野県と接する地域は奥三河とよばれ、山々が幾重にも重なった山間の地域である。北設楽郡東栄町振草のいくつかの集落では、正月には歳神様の依り代となる門松を立てる。神式では榊を、仏式の門松には樒が添えられる。東栄町誌編集委員会編『東栄町誌—自然・民俗・通史編』（東栄町　二〇〇七年）から、振草の門松を主体にして紹介する。正月、東栄町では門松は、屋敷入口の前の庭に二本から三本立てる。

地面に端杭と呼ばれる常緑樹の木を立て、そこに仏式であれば樒、松、竹を立て、神式であれば榊と松をそえ、端杭と端杭の間に注連をはって紙垂をつける。

両側の端杭にはヤスと呼ばれる藁で作った円錐形の苞を付けるのが一般的である。

広島県福山市にある日蓮正宗の三寶院のブログでは、同宗では正月に門樒を立てると記しているので紹介する。三寶院では、平成一六年までは世間一般の松竹梅、南天、葉ボタンで飾った門松を作っていたが、平成一七年から日蓮正宗独自の伝統的門樒を付くようにした。

門松は新年に歳神様を迎える依代であり、目印と解釈されているが、日蓮正宗では歳神もふくめ、諸天善神はつねに存在するもので、正月だけに降りてくるものではなく、法華経の行者守護の任が本来の勤めである。それ故、日蓮正宗の門樒は世間の習慣を本尊にお供えする樒を世間にむけて飾り、一般の人びとにもここに本門の本尊が御座することを、妙法の縁として、正月にしめす意味をもって飾ったと思われる。

いつごろから、どう言う意味でと言う資料には一切ない状態であるが、毎年静岡県富士宮市の総本山大石寺の三門に門樒が飾られている。

平安期に折枝とされた樒

樒は『万葉集 巻二十』（佐々木信綱編『新訂・新訓万葉集 下巻』岩波文庫 一九二七年）には一首よまれており、「之伎美」と万葉仮名が当てられている。

四四七六　奥山のしきみが花の名のごとやしくしく君に恋いわたりなむ　大原真人

歌の意味は、奥山の榁の花のように、「しきりに君のことが恋しい」である。榁の花の咲く時期は春の二月から三月で、花は葉腋一つずつ、白色から淡い黄白色の、細長く、ややねじれたようなひらひらとした細長い花弁を持っている。花の大きさは、直径三㎝ほどである。

『源氏物語 若菜下』（山岸徳平校注『源氏物語 四』岩波文庫 一九六六年）にも榁は登場してくる。朧月夜（おぼろつきよ）がこれが最後の別れの文と思って、源氏に返歌をおくった。その最後の別れの文が濃い青鈍色（あおにびいろ）の紙に書かれており、榁の枝につけてあった。そしてこの文の筆使いが、大変洒落ていて、見事なものであった。

原文は、

『常なき世』とは、身一つのみ知り侍りにしを、『おくれぬ』と、のたはせたるになむ、げに、
あま舟にいかがは思ひおくれけん明石の浦にいさりせ君
回向（えこう）には、あまねき方（かた）にても、いかがは
濃き青鈍（あおにび）の紙にて、榁にさし給へる、例のことなれど、いたく過ぐしたる筆づかひ、なほふりがたく、をかしげなり。

とあり。

この「榁の枝」とは、榁の折枝（おりえだ）のことである。王朝貴族の日常生活の雅（みやび）なしきたりに、折枝と言う習慣があった。折枝とは、言葉どおり木の枝を折りとったものである。王朝時代の宮廷生活では、行事や、折々の贈物をするとき、

いずれも美しい錦の布でつつみ、折枝に結び付けて、それを渡すのが風流とされていた。贈物にかぎらず、文、手紙のやりとりにも、季節感をただよわす、とりどりの折枝に引き結んでいた。

小松茂美は『手紙の歴史』（岩波新書 一九七六年）の中で、王朝時代の文学作品をしらべ、「平安時代における消息と折枝一覧表」を作成している。折枝はどんなところが愛(め)でられるかを見ると、美しい花、みずみすしい葉、色あざやかな葉、美しい果実、白く清らかな根と言う五つに区分できる。

美しい花・桜、藤、せんだん、空木、山吹、しおん、桔梗、撫子、すすき、菊、萩、梅
みずみすしい葉・柳、菖蒲、しきみ、榊、呉竹、松、杜
色あざやかな葉・紅葉
美しい果実・橘
白く清らかな根・菖蒲

ここには折枝とされた植物が二二種記されており、榁は「みずみすしい葉」のところに挙げられている。榁はその語源の一つに「四季美(しきび)」とあるように、常緑樹で一年中青々と緑滴るようで、すべすべとした表面をしたつややかな光沢のある葉をつけており、さらに香気があるため好まれたのであろう。小松茂美は、榁が折枝につかわれた事例数は二件あげ、その季節は夏だとしている。

鎌倉時代初期に撰進された勅撰和歌集の『新古今和歌集』（佐々木信綱校訂『新訂　新古今和歌集』岩波文庫 一九二九年）に、常盤木で香りを持つ榁が詠われた歌（歌番一八六九）がある。神楽を舞う人が、手に香気のある青葉の枝を持っていたのであろうか。

神楽をよみ侍りける
置く霜に色もかはらぬ榊葉の香をやは人のとめて来つらむ　紀貫之

霜が降りる秋になっても色を変えない常緑の榊の葉の香りを、人はとどめてきたのであろうと言うのが歌の意である。常緑で葉に香りがあると言うのだから、樒のことである。榊に香りはない。この時代まで、樒は榊の一種とみられていたことの証である。

仏花とされる平安期の樒

『源氏物語』（山岸徳平校注『源氏物語　五』岩波文庫　一九六六年）にはもう一カ所樒が登場する場面がある。総角の巻で、八の宮の一周忌近いころ、美しい大君を見て、薫の心がさわぎ、大君を口説く場面である。

御かたはらなる短き几帳を、佛の御方にさし隔てて、かりそめに添ひ臥し給へり。名香の、いと、かうばしく匂ひて、樒の、いと、はなやかに薫れるけはひも、人よりは、けに、佛をも思ひ聞え給へる御心にて。わつらわしく、

意訳すると、おそばにある低い几帳を、佛の方に立てて隔てとし、形ばかりそい臥しされた。名香が大層香ばしく匂って、樒がとても強く香っている様子につけても、大君が人よりも佛（八の宮）を思っておられる心がわかる。薫はそれが煩わしく思われた。

大君は亡くなられた母親の八の宮を祀られ、日々のつとめとして香を焚き、樒を供えて供養されているのである。樒が名香とまけない良い香りをさせていることが、述べられている。

樒と佛（この場合はなくなった先祖の霊の佛であるが）との関わりを述べた、早い時期の文献といえよう。

『枕草子』（池田亀鑑校訂 岩波文庫 一九六二年）の「正月に寺にこもりたるは」の段も、仏に供える樒を描写している。仏の前の昼夜をわかたず灯している灯明や、参詣した人が奉った灯明がおそろしいまでに燃えている光で、仏はきらきらとして大層尊くみえる。「千灯の御こころざしはなにがしの御ため」などと、仏の告げる声がわずかに聞こえてくる。

　　帯うちして拝み奉るに「ここに、つこうさぶろふ」とて、樒の枝を折りてもて来るに、香などといとたふときもをかし。

「帯うちし」は、もの詣でや勤行のときに、女性が肩から胸や背に結んでたらす帯のことである。「つこう」は塗香のことである。塗香は仏像や修行者の身体に塗って穢れを除く香である。お経をあげる前や写経する前に「清め」のための香として、手などに塗りこんで穢を除くために使用するパウダー状の極微細粉末のお香のことである。「ここに塗香があります」と言って、樒の枝を折り持ってきた。その香りをとても尊く感じられ、趣がありとても風情があった、と言うのである。『枕草子』の著者清少納言は、樒は仏に供えるものなので、その香りも尊いもの、風情が感じられるものとしていたのである。

ここに引用した樒について孫引きであるが、増田繁夫校注『枕草子』（和泉書院 一九八七年）は、樒の注記に「莽草・・一名春草、和名之岐美乃木（本草和名）。仏に供える香木。「閼伽器ニ樒ヲ供ス」（『兵範記』仁平二年正月一三日）」と記している。

『兵範記』は平安時代後期の公家平信範の日記で、長承元（一一三二）年から承安元（一一七一）年の三九年分が知られている。仁平は仁安の間違いであろう。平信範はこの日、密教の仏具の一つである閼伽器に樒の葉を入れ、仏に供えたのである。樒の枝でなく、閼伽器に樒の葉をいれているので、平信範は密教系の宗派の信者であったのだろう。

それもかなり熱心に信仰していたものと推定できる。

樒の毒

樒は毒の木と記してきたのであるが、どのような有毒物質を持つかを、まだ詳しく述べていなかった。樒は宗派や地方の風習で、なくなった人の枕元に樒が一本供えられたり、葬儀のとき祭壇にかざられたり、墓地に植えられたりするなど、死者と縁の深い植物である。死者との縁は、樒の毒によるものではなく、その葉や枝が持つ香気よるものだが、人によっては樒の毒と死者とは関わっていると考えることもある。

樒は人に死を招くほどのつよい毒を持っており、日本に数ある毒草の中で唯一「毒物及び劇物取締法」と言う法律で、植物体そのものに毒があると定められている。毒のある部位は、葉、花、茎、中でも果実（皮）はつよい毒性がある。奥井真司著『毒草大百科』（データハウス 二〇〇三年）から紹介する。樒の毒は、シキミン、アニサチンである。アニサチンは神経毒の一つで、危険である。アニサチンの致死量は、犬では一二mg、人間での致死量は不明だが六〇〜一二〇粒ぐらいの種子で中毒を起こすと言われている。

種子よりも果皮が危険で、口にすることは絶対に避けること。中毒症状としては、一〜六時間の潜伏期の後、吐き気、嘔吐、腹痛、下痢、ふらつきなどの神経症状があらわれる。重症になれば全身麻痺、呼吸麻痺、意識障害がおこり、死にいたる。

植松黎はその著『毒草を食べてみた』（文春新書 二〇〇〇年）の中で、樒の果実を食べて中毒となった若者たちの事例を記しているので紹介する。かつて里山で山仕事をしてきた人や、親族の葬儀を自宅でとりおこなってきた人たちは、樒は死者に供えるものであり、墓地に持っていく花枝であることをよく知っていた。それだから樒の早春に咲く白い可憐な花も、そのあと実った果実がどんなに可愛らしいものであっても、絶対に口にすることはなかった。ところが都会でも田舎でも葬儀は、会館で葬儀社がとりおこなう現代では、樒とは仏花だと頭では知っていても、実物を見たことのない若者ばかりとなっている。そんな若者たちが、山に入り、樒の種子を料理して食べたのである。

平成二年一一月一二日、神戸市の自然教室に参加した大学生を中心とした一一歳から二四歳のメンバー一五人も、そんな現代人だったのだろう。彼らは二〇〇〇粒もの樒のタネを「シイの実だ」と思い込んで炒り、小麦粉に混ぜてパンケーキを焼いた。樒の実を食べるつもりではなかった。

しかし、ひどい吐き気と痙攣に襲われて、病院に担ぎ込まれた若者たちは、みな「シイの実」を食べたと信じ切っていた。治療する医師も、はたして「シイの実」がこのような症状を起こすのかどうか、自信がなかったらしい。中毒専門のセンターに問い合わせたが、電話ではらちがあかない。

そうこうしているうちにも、二三歳で体重七五kgと言う堂々とした体躯の若者が事情を説明しているうちに痙攣をおこし、意識が混濁（こんだく）状態になった。彼はパンケーキを丸ごと一枚食べていたのだった。一枚のパンケーキには、約二五〇個の樒の種が入っていた。半分だけ食べた一一歳の男の子にも意識障害が生じた。無事だったのは一五人のうち、たった二人だけで、あとは入院となった。

彼らが何を食べたからこう言うことになったのか、真相を知ったのは六甲山麓にある自然教室の現場検証が終わってからである。そこには紛れもない樒の殻が、無数に散らばっていた。彼らは扁平で星形をした樒の実の殻をむき、中の種をとりだして炒っていたのだ。

植松は「もうすこしで、自分たちが樒を供えられところだった」と感想を述べている。

仏に供えられる高野槙

和歌山県高野町高野山の金剛峯寺を中心とした真言宗系のお寺では、仏に供える花の代わりに高野槙（こうやまき）の枝葉が供えられる。高野槙は、コウヤマキ科コウヤマキ属の常緑針葉樹で、一科一属一種である。かつてはスギ科に含めていたが、現在では一種のみでコウヤマキ科としている。日本および韓国済州島の固有種である。かつては世界中に分布していたが、新第三紀には北アメリカで、更新世にはヨーロッパでも滅びて、日本と韓国済州島にだけ残った。第三紀（六五〇〇万年から二〇〇万年前）にはヨーロッパにおおく分布し、現在利用されている石炭の一種の褐炭（かったん）の起源となっている。

氷河期を生きのこりたる日の本の槙の香りは言葉の柩　　前登志夫

日本では福島県から九州までの山地の、岩尾根に良く生育している。樹形は幅がせまく、真っすぐに突き出たような姿をしている。徳島県と山口県でレッドリストの危惧種、愛知県と宮崎県で準絶滅危惧種の指定を受けている。愛知県新城市の「甘泉寺のコウヤマキ」と宮崎県大崎市にある「祇劫寺（ぎごうじ）のコウヤマキ」は、それぞれ国の天然記念物に指定されている。

高野槙。
真言宗ではこの枝を仏花として供える。

高野槙は香木である。寺島良安の『和漢三才図会』には、槙の図をえがき高野槙と注記している。そして「槙・俗に真木（まき）とも書くとする。そして俗に槙の字をもちいる。高野槙は紀州高野山より出づ。人その小枝を折り仏前に供える」と記されている。

仏前に高野槙が供えられるようになった起源については、高野山には禁忌十則と言う尊厳維持のための十ヶ条におよぶ決まりがあった。その中に「禁植有利竹木」と言い、利益のある竹木を植えることは禁止だと言う決まりがあった。つまり果樹、花樹、竹、漆などを高野山内にうえることは禁止されたため、仏に供える香りとする花の代わりに、香気を持つ高野槇の枝がもちいられるようになった。

京都の盂蘭盆は、先祖の霊を祀る報恩供養の前の八月七日から一〇日までの四日間に、精霊（御魂）を迎えるため東山の六道珍皇寺に参詣する風習がある。これを「六道参り」あるいは「お精霊さん迎え」とも言う。六道珍皇寺のあるあたりは、平安時代には墓所の鳥辺山の麓で、俗に六道の辻とよばれていた。まさに生死の界（冥界への入口）で、お盆には冥土から帰ってくる精霊たちは必ずここを通るものと信じられたことに由来していると言う。

六道珍皇寺の坂井田興道住職の話では、六道参りでは参道に盆花と一緒に高野槇が売られている珍しい光景が見られる。高野槇は昔から霊が宿るとされた霊木で、天からもどってくる霊は高野槇の枝を依代とする。

平安時代に当時の井戸から地獄に通った小野篁も、境内に多数自生していた高野槇の小枝をつたって地獄へ降りたといわれている。

お盆のとき、参拝客は参道で高野槇を求めたら本堂で経木（水塔婆）に戒名を記し、お迎えの鐘をつく。そのとき高野槇の枝に「迎え鐘」で迎えたお精霊さんが乗り移り、懐かしいわが家へ里帰りするのだ。参拝を済ませた方は、高野槇を持って一目散に家に帰る。昔は、家の井戸に高野槇を吊るし、一三日の朝に精霊棚にお供えする習慣もあったようだ。高野槇を仏に供えるのは、高野山や真言宗だけではないのである。

高野山では高野槇は高野六木（樅、栂、杉、桧、赤松、高野槇）の一つとされ、長野県木曽地方では木曽五木（桧、椹、さわら、ねずこ、高野槇）とされている。樹形が端正であるため、世界の三大公園樹（高野槇、ヒマラヤシーダー、アロウカリア）の一つとされている。

二　仏事にある香りを織りなすもの

仏事において、香りを供える意味を前述した。馴染み深い具体例として線香と抹香を見ていきたい。

杉葉から線香を作る

線香の正式な表記法は「綫香」である。「綫」とは、糸のように細いものと言う意味がある。線香は良い香りを長い時間かけて漂わせるため、各種の香りのある粉を練りかためた香を糸のように細く長くしたもので、先端に火をつけてくゆらせ、香りを発散させるものである。ふるくは香木の粉末がそのままもちいられ、そのほとんどは仏教での香りのお供物とされた。

線香は一般的には、お墓や仏壇にお供えとして、火をつけてくゆらせると言う使い方をされる。仏教では、香しい煙によって、つかう人や周囲の環境を浄化したり、瞑想などの意識を集中させる修行などにもつかわれる。線香は先端に火をつけ、火の部分を上になるように立ててお供えすることが一般的であるが浄土真宗では火をつけてねかせてお供えする。

近年の線香には、仏教用のものばかりでなく、花の香りや香水に似た香りを放つものもできており、部屋の消臭、芳香剤としての使い方もされるようになった。線香はあくまで雑貨品なので、効果や効能をうたうことはできない。

線香は作る材料によって、匂い線香と杉線香（杉葉線香とも）にわけることができる。匂い線香とは、クスノキ科の常緑広葉樹であるタブノキの樹皮を粉末にしたものの中に、植物性香料の白檀や伽羅、沈香、丁子、薫陸など、また動物性香料では麝香、海狸香、霊猫香などや、炭の粉、その他の材料をくわえて練り、細く線状に成型し乾燥させたものである。

なお、タブノキは葉や材に精油をふくんでおり芳香を持っているが、タブノキの粉だけの単独の線香は作られてい

杉の植林地。
この杉葉を乾燥させ粉にして線香にする。

ない。白檀や伽羅などの少量でも良い香りを発する香木の粉を混ぜて成型するときの増量剤的な役目を持っている。

杉線香は、三ヶ月ほど乾燥させた杉の葉を粉砕機や水車をつかって粉末にしたものに、湯をくわえて練り、糸紐（いとひも）状に成型し乾燥させたものである。後に香水をふりかけることがある。下級品の俗称となっており、とくに墓参りのときなどにつかわれる。一般的な香木や香料をつかっている線香にくらべると、香りはおとるが安価で製造でき、杉の葉っぱにふくまれている脂（やに）のため、大量の煙をだすので、戸外の墓地での使用や、宗教的な慣例として、煙をうけたいときなどに杉線香はつかわれる。

日本での線香のはじまりは、星野輝男の「淡路島の線香製造業——伝統工業の一事例」（『兵庫地理』兵庫地理学会　一九八二年）によると、江戸時代の初期の寛文八（一六六八）年に中国の帰化人によってはじめて線香が作りだされたとしているが、淡路島でのはじまりだとされている。また『堺の薫物（たきもの）線香』（堺薫物線香商組合　一九〇二年）によれば、堺の薬種商の小西弥十郎如清が天正年間（一五七三〜九二）に朝鮮にわたり、中国伝来の線香の作り方を持ち帰り、堺に伝わる香の調合技術を応用して作ったものが日本最古の線香とされていると言う。小西弥十郎は、薬種商の家にうまれた戦国武将の小西行長の兄弟あるいは父であったとも伝えられている。

線香の生産地は、戦前までは大阪府堺市が生産量のトップをしめていたが、現在は一〇％程度になっており、変わって中心地となったのは兵庫県淡路島である。淡路島には幕末の嘉永三（一八五〇）年に堺の線香職人が線香の作り方を教えたのがはじまりとされている。

今日線香が作られているところは、兵庫県（淡路島の淡路市）、京都府（京都市）、栃木県（日光市）、大阪府（堺市）、和歌山県、福岡県、岡山県である。淡路島の線香製造は、昭和三〇年代半ば（一九五五年頃）には生産量日本一となり、現在では香りの線香と杉葉線香と合わせた線香の全国生産量の七〇％を占めている。栃木県日光市は日光杉並木で知られるように、杉の産地であり、杉線香の生産量は日本一である。京都市は、文化的背景に裏付けられ、高付加価値製品の産地となっている。

三重県尾鷲の杉葉粉作り

杉葉線香の作り方を『尾鷲市史 下巻』（尾鷲市史編集室編 尾鷲市 一九七一年）は、明治三八年に土井八郎兵衛著『紀州尾鷲地方森林施業法』に収めてある「線香粉製法」に詳しく報告されているものを採用している。これは当時、土井家の経営の実際の基礎として記したものである。漢字カタカナ文であるが、読みやすいように漢字ひらかなで記す。

杉を春季に伐採したときは、その生葉を採取し、一〜二寸（三〜六㎝）に短くきざみ、四日間晴天にむしろをしき、その上に広げて乾燥し、小屋にいれて貯蔵する。だんだんとこれを水力応用製粉器械にて搗き砕く。その搗砕器は、方言で「なげ」および「どうつき」の二種類で、水車が回転するたびに、両者が動作をするように作られる。その粉末は篩にかけ、粗ものをふるい去って、細かいものを線香の原料とする。その香気には愛すべきものがある。

三重県尾鷲地方では、近世においては当地の特産品として杉葉粉があり、名古屋、大阪、江戸、その他に船積みし送られていた。これは線香の原料となっていたもので、消長があって幕末になって非常な不況に陥ったことがあった。

杉葉粉は杉葉を陰干しにしてから粉にしたもので、九木浦、矢濱村、その他にはこの杉葉粉の製造を専業とする水車を経営するものもあった。文化三（一八〇六）年、紀州藩は杉葉粉の製造の指導にあたって、杉葉は春に伐採した木の葉をつかい、立木の枝打ちをした葉をつかうことを禁止した。なお尾鷲は、紀州徳川藩に属しており、奥熊野尾鷲組とよばれ、藩から派遣された土井家が統括していた。これははやくから出された禁令で、それぞれの村や浦の役人は、この取り締まりを厳重にしなければならなかった。

立木から枝打ちした葉の利用を許すと、よりおおくの杉葉を得ようとして杉の生長を妨げるよう梢近くの枝まで枝打ちをする心配があったからである。このことは、文化七年にもおなじ法令が出ているから、容易に守られなかったものと思われる。

杉葉粉の売れ行きが良く好況なときには、名柄、三木里、賀田、梶賀の浦や村にも、かけ水を利用した線香水車があった。慶応四年の「尾鷲組土地産物員数数取調」には「当時不景気に付き無製（せいなく）、仕入れ方御座無く候」とあるように。不況のため杉葉粉の製造は衰退した。しかし線香商売が完全に凋落（ちょうらく）したのではなく、明治三年の戸口帳にも林浦の土井忠兵衛と南浦の八兵衛はひきつづき線香製造を継続していたことが記されている。

三重県史編さん班のブログ「歴史の情報蔵」の第六八話杉葉線香の製造機械類（執筆者・杉谷政樹）によると、林業が盛んな尾鷲市などの東紀州地域では、江戸時代後期から杉葉粉が生産されていた。明治以降の『三重県統計書』は明治中ごろから杉葉粉の生産高などを記載しており、明治二三（一八九〇）年には北牟婁郡の生産者数六、生産高二五万貫（九三七・五ｔ）、南牟婁郡の生産者数一〇、生産高三三万九七〇四貫（一二七三・九ｔ）と記している。最盛期の大正時代には三〇基以上の線香車が稼働していたと言われ、生産された多量の杉葉粉は船便で兵庫県の淡路島などの線香生産地へ出荷されたり、地元で線香に加工されていた。

三重県での杉葉線香は、杉葉粉とおなじように江戸時代後期から生産された。『三重県統計書』で見ると、まず北牟婁郡で生産がおこなわれ、その後、南牟婁郡がくわわり、明治二六（一八九三）年の両郡の線香生産事業者は三社、生産高合計は五二七五箱であった。明治後期以降は、桑名郡、三重郡、飯南町や津市などで大量生産されたが、大正期後半にふたたび東紀州地域が生産の中心となった。しかし、急激な社会情勢の変化の中で、杉葉粉を製造する水車は次々と姿を消し、杉葉線香作りも衰微した。

各地の杉葉線香

福岡県八女市のホームページ「八女あれこれ二三『わが師、わが友』その六」は、同市上陽町の杉葉粉生産について、杉葉を砕いて線香の原料となる杉葉粉を生産する産業が盛んであったと言う。最盛期には四〇数軒あったが、現在では東南アジアの輸入粉におされて、動力用に水車をつかって杉葉を粉にする製粉場はわずか二軒になった。その一つの水車は平成二〇年一〇月に再建され、そのときのようすが「よみがえれ、八女の水車」とのタイトルでテレビ放映された。水車のあるところは、大字上横山字八重谷と呼ばれるところで、その名のとおり道の両側には山が迫る峡谷の地形となっていた。水車の直径は五・五m、幅一・二m、羽根板五四枚、川からの取水口と水車設置点の落差が大きくとれないので、水車は「引き出し式」と呼ばれる仕掛けになっている。

水車の回転する動力は臼搗き小屋に伝えられ、六〇kgの鉄製の杵一五本を持ち上げ、長臼に入っている杉葉を粉に粉砕する。搗き臼で一昼夜かけて粉砕された杉葉粉は篩にかけて選別され、目の細かなものだけ二〇kgずつ袋につめられ、久留米市などの線香製造会社へ送られる。目の粗いものはもう一度臼にもどされる。この水車では一日に約八〇〇kgの杉葉を粉砕して粉にする。

栃木県の杉葉線香は日本一の生産量といわれており、そのほとんどは日光市で作られている。この地で杉葉線香が作られはじめたのは江戸時代末期で、越後国（現新潟県）出身の安達繁七が原料の杉葉の豊富さに目をつけ、改良した線香水車で杉葉粉を作り、線香製造をはじめたことからである。昭和四〇（一九六五）年ごろまで、線香水車は三〇軒余りあったが、平成の今日でも現役で線香水車をつかって杉葉から製粉しているところは大谷川で水車を動かしている大室地区の浅田邦三郎さんともう一軒だけだと言う。

浅田さんは、奥さんとともに杉葉水車をまわす傍ら、農業もやっている。杉葉製粉は年間を通じておこなっているが、湿気をきらう仕事なので製造適期は夏から翌年三月ころまでである。杉の枝葉は屋根の下で三ヶ月ほど乾燥させる。小屋の中に積んだ杉の枝葉を粉にするには、約五ヶ月かかる。浅田さんは作った杉葉粉を、日光市今市の線香製造工場に販売している。

線香製造工場では、杉葉粉に湯と『シナ粉』と呼ばれる中国産の木の皮からとった「とりもち」のようなものをごく少量加え、練りこむ。これを機械に入れ、トコロテンのように押出し、裁断する。乾燥は天日と温風の交互だが、急激に乾燥させると反りかえるし、ゆっくりだとカビがはえる。でき上がった線香は、正確に分量をとり分け、お化粧の紙帯を巻くと出来上がりである。

茨城県の筑波山の麓にあたる石岡市小幡に在住している駒村道廣さん（線香製造会社駒村清明堂の経営者）は、筑波山麓から流れ出ている恋瀬川の支流に水車を設置し、杉葉粉を生産している。石岡市の八郷地区では、昔から水車で地元の杉から粉を作り、線香作りをしてきていた。

駒村さんは集荷した杉葉を二cm程度に刻み、水車の臼に入れ、一昼夜搗くと、土色の粉ができる。できた粉は二〇kg入りの袋に入れ、保存する。この粉に沸騰した湯をいれて練りあげる。糊やつなぎ類はいっさい入れない。お湯で練っているうちに、杉粉にふくまれている脂（やに）が糊の代わりになり、自然に固まってくると言う。これを二mmほどの孔のある巣板を底にはめたプレス機に入れ、上から押すと細い線香が出てくるので、下で受け、カットする。それを乾燥し、紙を巻くとできあがる。本物の杉線香は土色だが、売れるように色素を加え緑色をした杉線香も作っている。

駒村さんは、あまり年齢の若い杉葉は粘りがすくないので線香には適さないため、樹齢五〇年以上の杉葉だけを使っていると言う。

榕で作られる抹香

抹香（まっこう）はお香の一つで、粉末状をした褐色の香のことである。榕を樹皮や葉を粉末にしたものである。抹香はふるい時代には仏像や塔に塗ったり、散布したりするようなつかわれ方がしていたが、現在ではおもに葬儀や法事のときにおこなわれる焼香（しょうこう）としてつかわれる。なお焼香とは、葬儀や法事のとき香を焚くことをさす。お香の煙は、心を鎮め、祈り、願い、弔うと言う供養の意味を持っているのである。

抹香の作り方は、天然の植物体（葉・茎・樹皮など）を天日干しなどで乾燥させ、細かく砕いて粉末にする方法がとられている。抹香の材料は、現在は榕となっているが、ふるい時代には安息香（あんそくこう）、甘松香（かんしょうこう）、沈香（じんこう）、栴檀（せんだん）などの香りの良い香料から作られていた。また丁子（ちょうじ）や竜脳（りゅうのう）・川芎（せんきゅう）もつかわれた。

安息香とは、スマトラやジャワに自生するエゴノキ科の落葉高木で、わが国ではアンソクコウノキと呼ばれる。樹皮から分泌する樹脂は、帯赤色または褐色の塊で、甘味があり、その中に乳白色の顆粒を持ち、熟するとつよい芳香をはなつ。薫香又はポマードにつかい、安息香チンキは去痰剤（きょたんざい）や呼吸刺激剤とされる。タイやスマトラで栽培される。

甘松香は、現在のわが国でつかわれることはほとんどないが、世界的には薬用とされてきた生薬である。オミナエシ科の植物で、ネパール、チベット、中国南部のヒマラヤの高山帯に生育する高さ二〇cmほどの小型の多年草で、根茎にオミナエシ科特有の香りがある。ヒマラヤ山域では太古の昔から、頭痛や腹痛の治療薬とされていたようである。ヒマラヤ山域ではサンスクリット語で「jatamansi（ジャタマンシィ）」と称され、今でもジャタマンシィの名で通用し、最も有名な薬用植物である。

主として寺院でつかわれる抹香の材料となる樒の葉。

沈香はアジアの熱帯地方に産するジンチョウゲ科の高さ一〇mになる常緑高木であり、それから採取した天然香料でもある。木質が堅く重いため水に沈むので「沈」と言う。この材は高級調度品に加工されるが、そのうちの一部を土の中に埋め、または自然に腐敗させて香料を採る。香料で光沢のある黒色の優良品を伽羅と言う。

ことわざに「沈香も焚かず屁もひらず」と言われるが、とくに良いこともなければ悪いところもなく、平々凡々であることを言っている。

梅檀とは、香木の名であり、白檀（びゃくだん）の異称である。白檀はわが国で「梅檀は双葉より芳し」と言われる香木の梅檀のことである。ビャクダン科の高さ六m余となるインドネシア原産の半寄生的常緑高木で、近縁種とともに香料植物として栽培される。心材は帯黄白色で香気がつよい。樹皮も香料・薬料として利用される。ふるくからわが国に渡来し、薫物とされ、仏像や器具などが作られた。

わが国に自生している梅檀はセンダン科の高さ約八mになる落葉高木で、材に香気はない。果実は生薬の苦楝子（くれんし）としてひび薬、樹皮は殺虫剤とし、材は建築や器具用材とされる。古くは獄門のさらし首の木につかわれた。

今日抹香の材料は樒（梻とも）の葉で、この葉を乾燥して微粉末にしたものを抹香と称して、おもに寺院用の香呂に盛る焼香用としてもちいている。また樒の葉の粉末は、杉の葉の粉末とともに線香の材料とされる。

インターネットを見ていたら、秋田県のがんばる農山漁村集落応援サイト・平鹿エリア版に「阿部キヌ子さんの抹香とすだれ作り」があり、そこには横手市金井神（かないがみ）・上坂部（かみさかべ）地域では、ずっと昔から自分の家で使うものは自分たちで作っていたと言い、法事などにつかわれる「抹香」も作っていたと言う。

この地域の抹香作りの材料集めは七月からはじまる。材料は桑の葉、桂の葉、合歓（ねむ）の葉をつかうが、ほとんどは桑の葉をつかう。採取した大量の葉は、天気の良い日に天日干しする。乾燥した葉は阿部さんの小屋に貯蔵され、翌年ふたたび天日干しをし、餅搗機をつかって粉末にする。一五日から二〇日かけて、一袋四〇gから五〇gの袋を一万袋以上作る。つまりkgになおすと四〇〇kgから五〇〇kgとなる。ここの抹香は粉がとても細かく、長持ちですべて燃えきると言う特徴があるといわれている。

三　神に供える無香の榊

わが国の神は香りを好まない

サカキは神棚や祭壇に供えられる常緑樹で、神事には欠かせない植物である。古くから常緑樹には神が宿るとされ、とくに葉の先や、枝の先がとがった部分は神が降りる場所の依代（よりしろ）とされ、オガタマノキ、マツノキ、榊などが神事に用いられてきた。

神を祀る祠の両側に供えられた榊の小枝。
わが国の神は香りを好まないので、無香の榊がつかわれる。

仏教では、仏には香りを供えることが大切とされ、香木の樒が供えられてきた。ところがわが国の神はと言うと、香りのあるものは好まれないようで、神に供える代表的な常緑樹の榊には香りがない。サカキは初夏に白くて蝋のような光沢があって、ほのかに甘い香りのする花を咲かせる。しかし、神にその花を供えることはなく、常緑のみずみずしい葉っぱのついた枝を供えるのである。

世界のあらゆる宗教では、香りは重要な役割を果たしている。仏教については既にふれたが、他の神々にたいしては香りを捧げて神から許しを請い、同時に礼拝者の体臭を消し、身体を清浄にするなどのためである。日本人の神は森羅万象（しんらばんしょう）がすべて神となりえるもので、他の国で生まれたただ一つの神にたいしてとる信仰態度とは異なっているため、あえて香りのあるお供え物をする必要がなかったのであろう。日本の神道は、香りを宗教行事にもちいない世界で唯一の宗教となっている。森羅万象とは、宇宙間に存在する数かぎりない一切のものごとのことを言う。

日本の神は、人の手によって作られるものは、何ものにも染まっていないものを好まれる。つまり色でいえば白である。神の力によって人の罪や穢れを払う幣(ぬさ)は、楮(こうぞ)の白い内皮を細く裂いて作られており、また白い紙がそえられたものもある。また神が坐(いま)す神殿は、木材を加工したそのままの、いわゆる素木(しらき)で作られる。素木の素とはシロ（白）のことで、表面になにも塗料が塗られていないものを言う。つまり何物にも汚されたことのない清浄な状態であるところにだけ、日本の神は存在できると考えられている。

香りの方はと言えば植物には、それぞれの植物は固有の香り、臭いを持っている。香りを持つ植物を神に供えると言うことは、神にとってはその植物が発する香りに染まることになる。何ものにも染まらないことが、神であることの証なのだから、神を染める香り発するものは禁忌なのである。そんなところから、香りを持たない常緑樹の榊が、神に供えられる樹木と考えられてきたのであろう。前にふれたように、当初は香りのある樒が榊の一つとして神に供えられていたが、平安時代あたりから神に供えられるものは香りのない榊（香りのないヒサカキとソヨゴを含む）にかぎられるようになった。

神社の祭壇を荘厳にする幡の頂の榊。

日本では、人びとがその神に守護してもらったり、あるいは願いを叶えてもらうためには、その神が坐す神社に参詣するのである。神社でもそのほかの場所でも、神に身近な場所に降りてきてもらう必要がある。ここに降りてきてくださいと願う場合は、神霊の宿る場所を特定し、その場所に神の依代として、また神にささげる木として榊を選び、立てるのである。

「サカキ」のいろいろな語源説

現在の私たちが「サカキ」とよんでいる樹木は、モッコク科サカキ属の常緑小高木である。わが国では、本州の太平洋側では茨城県以西、日本海側では石川県以西と四国、九州に分布している。国外では韓国済州島、台湾、中国に分布地がある。ヒマラヤには花の大きい別亜種が、中国南部には葉が小さい別亜種が生育している。

榊は目立つほどの特徴を持っていない。常緑の葉をしげらせて暖地の山地に生えている榊は、神社の神前や境内によく植えられている。神主さんはこの枝をお祓いに、神前に供える玉串にも用い、神事には欠かせない樹木となっている。榊はじめ、常緑樹の総称としてつかわれていた。賢木とも坂木とも書かれる。そのため、地方によっては南天などの常緑樹をサカキと呼ぶところもある。いつの時代に常緑樹の総称から、今日のモッコク科サカキ属の榊を特定して神事にもちいる樹木とし、漢字表記に「榊」の字をもちいるようになったのかは不詳である。

いつのころからか榊と記して「サカキ」と読ませているが、これは樒を木偏に佛をそわせた梻の字を当ているのと同じで、神にかかわる木として木偏に神をそわせ、「榊」の字を作った。日本で作られたいわゆる国字であり、漢名つまり中国名ではない。現在サカキを仮名以外で表記する場合は、ほとんど国字の「榊」がもちいられている。以後、本書では特定の場合をのぞき、「榊」で表記していく。

牧野富太郎は『新日本植物図鑑』の中で、「榊の字は国字であって神道の神事につかうことからできた」と記している。

神事にもちいられる常緑樹の「サカキ」の名は、牧野富太郎は同書で「サカキ（栄樹）で、年中葉が緑色であるためと言われる」としている。一般的には、常緑で枝葉がよくしげるから栄樹(さかえき)の意味で、サカキは特定の樹を言うのではなくいくつかの常緑広葉樹の総称であった（『広辞苑』）が、現在の樹種に特定されるようになり、この榊によって「サカキ」が代表されるようになったと言われる。

大槻文彦著『新訂大言海』は、「サカキ」の言葉を、「神樹(さかき)」と「榊(さかき)」の二つの項にわけて解説している。すこし長いが引用する。

さかき「神樹」の項からである。

境木ノ義。磐境ノ木ノ意。
万葉集抄（仙覚）五「さかきト云ヘルハ、彼木、常葉ニシテ、枝葉、繁ケレバ、さかきト云ウ。さかきトハ、さかえタル木ト云フ也」是レハ、後世ノ榊ニ就キテ考ヘタルニテ、古書ニ、坂樹、賢木ナド、借字ニ記しシタルハアレド、栄、又ハ、常緑ノ意ノ字ニ記シタルヲ見ズ。賢ノ字ヲ宛テタルハ、さかしき、すぐれたる意モアルベク、又、畏き意モアルベシ（畏所、賢所）。神ノ鎮リマセル地ノ区域ノ木。神籬、同ジ。常緑木ニモアレ、落葉木ニモアレ、種種ノ樹木ノ、神境ニ植リテアルニ就キテ称スル語ナリ。（略）

さかき「榊」の項である。

前条ノ語ガ、一木ノ名トナリシニテ、此樹、常緑ニシテ、葉ガ、霜ニ遇ヘドモ、枯レヌホドナレバ、専ラ、祭神ノ用トナレルナラム。榊ハ、神木ノ合字ナリ。倭名抄、序「祭樹、榊ト為すス」堅魚ヲ鰹トシ、交木ヲ校倉トスル類。

『新訂大言海』は「さかき　神樹」の項で、『万葉集抄　仙覚抄』を引いている。仙覚は鎌倉時代初期の天台宗の学問僧で、中世万葉集研究に大きな功績をのこしており、文永三（一二六六）年から同六年にかけて『万葉集註釈』（万葉集抄・仙覚抄）を完成させている。仙覚は「サカキとは、常緑の栄える木」のことを言うとしていたが、『大言海』

は神樹つまり神木はそうではなく、常緑と落葉をとわず、神域に植えられている木はすべて「さかき」と言うと記し、「榊」は神木の名が常緑木の名になったものだと解説している。

そして榊とはどんな樹木であるのかを「常緑木にして高さ二、三丈、枝葉繁く、葉は楕円にして尖端あり、厚く、深緑にして、光沢あり。香なし。夏、黄白色の小花を開く。子（み）、熟すれば紅なり。この枝葉専ら、神祭にもちいられる。されど今多くは、ヒサカキを代用す」と記しているので、モッコク科サカキ属のサカキ（榊）のことだとわかる。

このほか小学館『日本国語大辞典　第五巻（第二版）』（二〇〇一年）は、①小香木（さかき）の義（松屋叢考）②社香木（さかき）の義（言元梯）③幸葉木（さきはき）の義（林甕臣の日本語原学）④マサシクカシコキの略（滑稽雑談所引倭訓義解）⑤サカはシハクラの反。シハは柴、クラはミテクラの義、キは木（名語記）⑥サカはサと言う精霊が発動することで、「サカキ」は精霊の宿っている木の意（高崎正秀の六歌仙前後）を記している。さらにサカキの語源に、神の坐す聖域と人間世界との堺を示すための木と言う説がある。

神事でなぜ榊をつかうか

榊は神事でつかわれる樹木であるとされているが、神事とは何を言うのであろうか。神事（しんじ）あるいは神事（かみごと）とは、神に関する「まつりごと」、儀式のことである。神前での祈りや、神に伺いをたてることで、特定の宗教の神と結び付いたものが多い。神主が専業でおこなうものと、一般の人びとの行事となっているものとがある。後者の行事は生活に結びついたもので、農業や商売などそれぞれの生業に基づく現世利益、生活の安定を求めるものが多い。

神道では「信仰」の行為そのものがすべてが神事と考えられており、神に仕えることが仕事の神職の行為のほとんどは神事といえよう。そのほか古神道などから由来した庶民行事の祭や、禊、祓も神事とされている。

榊は常緑樹で栄えるものであるから、この木でもって清浄（しょうじょう）の表示とし、あるいは清浄の境、つまり神と人とをつなぐ境とするためである。神は清浄なところのみにしか坐すことができないからである。また榊と言う文字が木と神の合字であるように、神道と榊は深い関わりを持っている。前にもふれたように、わが国では常緑樹の尖った先には、神が宿ると考えられていた。そこから榊は神籬、つまり神が降りたつ依代として役目もあった。

神事に榊をつかうものに、神籬、真榊、玉串、大麻がある。神籬は降りてこられる神の依代となるもので、神社の外での祭典などでは榊を神籬としてもちいる。地鎮祭などでは、榊を立てて神霊を迎える。また玉串につかう榊も本来は立てたものだと言う。宮中の祭祀では、今日でも玉串は立てられると言う。

真榊は『古事記』（倉野憲司校注 岩波文庫 一九六三年）上つ巻「天の石屋戸」の条の「五百箇真賢木」に由来すると言われる。その場面は、天照大御神が天の石屋戸を開き籠ってしまわれたので、この世は真っ暗な夜ばかりになった。そのとき「八百萬の神、天安河の河原に神集ひ集い」、天照大御神が天石屋戸からどうしたら出られるのか対策を相談した。太陽の出現を促す呪術として、常世の長鳴鳥をあつめて鳴かせた。天金山の鉄で鏡を作り、八尺の勾瓊で五百箇の御統の珠を作り、天香久山の真男鹿の肩の骨を丸抜きにして、天香久山の朱桜をとり、神意をおしはからせた。そして「天香久山の五百真賢木を根こじにこじて（根ごと引き抜いて）、上枝に八尺勾瓊の五百箇の御統を取りつけ、中枝に八咫鏡を取りつけ、下枝に白和幣、青和幣を取り垂でた」のである。

このいろいろなものを布刀玉命が太御幣として持ち、天児屋命が祝福の祝詞を申し上げた。天宇受売命が踊ると、八百万の神が大笑いした。天照大御神は怪しいことだと思い岩戸をすこしあけると、外の神が八咫鏡をさしだすので、いよいよ怪しいと天照大御神はすこし戸より体を出しかけるところを、天手力男神が手をとり、引き出された。

『古事記』に記された天照大御神が籠られた天石屋戸の前に、天香久山の五百箇真賢木を立てたことから、神社に賢木が供えられるようになった。このときの賢木は常緑樹のことで、榊に限定されたものではなかった。

現在神社では、榊は社頭の装飾とされている。榊の枝を社殿の左右に立て、向かって右の榊の上枝に玉、中枝に鏡、下枝に五色絹をとりつける。左の榊には上枝に剣、下枝に五色絹をかけて飾るのである。
『日本書紀』（坂本太郎、家永三郎、井上光貞、大野晋校注 岩波文庫 一九九四年）巻第二神代、第七段の第二の一書も、『古事記』とほぼ同じ内容になっている。

伊勢神宮の飾り榊

伊勢神宮の奉飾御榊（かざりさかき）について、伊勢神宮の荒木田守武宮司が伊勢市立伊勢図書館編・発行の『図書館だより 平成二八年一月号№一六七増刊』（二〇一六年）に「榊―聖なる木―」と題して次のように記している。
神宮の鳥居や玉垣、御門には垂（しで）を付けた多数の奉飾御榊がしつらえられている。鎌倉時代の建久年間（一一九〇～九九）の『皇大神宮年中行事』には、「惣御榊奉、差事年中四箇度也。四月六月九月一二月祭度也」とあり、平安時代には榊は年に四度、祭の際に取り替えていたことが窺（うかが）われると言う。

今日では季節にもよるが、ほぼ十日に一回、または祭典の前日と正宮の御掃除の日で合わせて年に四十三度新しい榊が飾られる。一回に必要な量は内宮に幹榊三十六本、枝榊百二十二本、外宮は二十八本と百十八本、別宮を加えると四百本以上となる。

幹榊は鳥居と五門に、枝榊は御垣に用い、姿を揃わせ和紙の紙垂をすべてにつけて飾る。これらの榊は古くは山向物忌（やまげのものいみ）や玉串内人（たまぐしうちんど）という神職が調達していて、一志郡久居町榊原（現津市榊原）や、松阪市漕代町高木（現高木町）から納められていた。

現在、年間に使われる本数は二万本にも及ぶが、神宮の山で自生したものと、神宮司庁営林部が主として伊勢市佐八（さはち）町の神宮苗圃（びょうほ）で実生から育成し、計画的に育てられたものが用いられている。榊が両宮の斎館へ納入後、一夜の参篭潔斎した神職二名が両宮とも約一時間半かけて飾るのだという。

内宮の御垣内の中重鳥居の両側には、多数の榊が立てられているのをみる。これは八重榊という。中重鳥居は八重榊鳥居ともいわれるが、内宮独特のもの外宮には見られない。八重榊は一列に八枝を八重、六十四本が片方に立てられる。これは古くは山向物忌が三節祭に奉飾することになっており、現在では一年に奉飾日が二十四度と定まっている。八重榊は、昔、玉串を立ててお供えしていた時代の名残だといわれる。

伊勢神宮の外宮九丈殿と五丈殿の前にあたる石原は大庭と言われ、遷宮祭の玉串行事や幣帛点検の儀式がおこなわれる。左隅（西南）にある一本の榊は廻榊と言われる。廻榊について名著研究所編『伊勢参宮名所図会 巻之四』（名著普及会　復刻　一九七五年）は次のように記している。

> 此の所に一本の榊あり。其の榊の下にて、宮司玉串を取り、榊の東を廻り、禰宜は玉串を取りて、榊の西を廻る故に、廻榊といふ。解祭の時、宮司・禰宜の冠につけたる木綿かづらを、此榊にかくるなり。

> 榊の下で宮司は玉串を持って東をまわり、禰宜は玉串を持って西をまわり、おわると、宮司・禰宜ともに冠の木綿をはずしてこの榊にかけると言う。

神社の境内林に生育している榊。
ここから神事にもちいる枝が採られる。

神にお供えする玉串と大麻

神社に安置されている大麻。
榊の幹に紙垂が垂らされている。

神社本庁のブログによると、玉串は神前にお供えするものとして、米、酒、魚、野菜、果物、塩、水などの神饌と同じ意味があると考えられている。神社本庁編の『神社祭式同行事作法解説』（一九五七年）では、玉串を神に捧げることを「玉串は神に敬意を表し、且つ神威を受けるために祈念をこめて捧げるものである」と説明されている。

伊勢神宮では、修祓の際、神職が頭上で左右にふって罪・穢れをお祓いするときにつかわれる大きな枝の榊は大麻、神前にささげる大麻よりやや小ぶりの榊を玉串とよび、祭典には欠かすことができない。

玉串の由来は前の真榊や神籬と関連して、『古事記』の天照大御神が天石屋戸に隠れたときの神話に求められるとしている。つまり、そのとき八百万の神々が天香久山の五百箇賢木に、玉や鏡を掛け、出御を願ったことに求められる。

玉串の語源について神社本庁は、本居宣長の「神前に手向けるための手向串」として供物的な意味を持つものと解している説と、平田篤胤の「本来は木竹（串）に玉を付けたものであったため「玉串」称した」との説、六人部是香の真榊が神霊の宿ります料として「霊串の意がある」との説、の三つをかかげてはいるが、特定していない。

大槻文彦の『新訂大言海』は、本居宣長の説をとっている。

玉串とは、榊の小枝に紙垂や木綿を付けたものである。往古は木綿がつけられていたが、今日では紙の紙垂となっている。大麻や玉串につけられる紙垂には、祓い清める意味があり、しめ縄につける紙垂は神聖な場所であると言う印になるものである。紙垂は玉串以外にも、しめ縄や大幣（おおぬさ）や御幣（ごへい）につけられ、稲妻を模した形に折られた紙のことで、「垂」や「四手」とも書かれる。紙垂は神道の流派によって作り方が違っていて様々である。

玉串の意味は、神と人との間にもの立って霊威（れいい）をとりつぐもの、あるいは神意を通じるものだといわれている。玉串を神前に奉って拝礼することで、榊の小枝を通じて人びとの願いが神に通じると言われている。

大麻は神道の祭祀において、祓いにつかう道具の一つで、今日一般的なものは、榊の枝または白木の棒のさきに紙垂または麻苧（あさお）を付けたものである。伊勢神宮では枝葉のついたままの榊の枝、幹榊（みきさかき）に麻を付けたものももちいられるが、木綿として麻の緒を付けたものである。

大麻は今日では、祓う対象となる人や安全祈願の自動車のような物にむかって、大麻を左・右・左とふってつかい、これにより大麻に穢が移ると考えられている。つまり大麻をふったときの風圧で祈願者の穢れを物理的に払いのけると言う意味でなく、大麻ではらう仕草をするとき神の力により穢れを大麻に移動させ、移動と同時に神の力で穢れを消滅させると言うのである。浅学の筆者は、大麻がふられるとき物理的な風圧がはたらいて、穢れがふっとんでいくと考えていた。恥ずかしいかぎりである。

万葉から平安期の榊

『万葉集』の榊の歌は、巻三に大伴坂上郎女（さかのうえのいらつめ）の「神を祭る歌一首并短歌」との詞書の歌（歌番三七九）が一首だけである。

ひさかたの　天（あま）の原ゆ　生（あ）れ来たる　神の命（みこと）　奥山の　さかきの枝
に　白香（しらか）つけ　ゆうとりつけて　斎戸（いはひべ）を　いはひほりすゑ　竹玉を　繁（しじ）に貫（ぬ）き垂（た）り　鹿猪（しし）じもの　ひざ折り伏せ

手弱女の　おすひ取り懸け　かくだにも　吾は祈ひなむ　君にあはじも

久方の天の原から生まれきたれる神々よ、奥山の榊の枝に白香、木綿、忌み清めた酒甕をすえ、竹玉をたくさん貫きとおした御領を垂れさせて飾り、膝を折りまげて謹んでお祈りしましょう。それでも祖先の神々にお逢いできないのでしょうか、と言うのが歌の意である。神に祈るときには、榊の枝に木綿などを数おおく飾りつけることが示されている。

『源氏物語』の第一〇番目に「賢木」の帖がある。この巻名は、作中で光源氏と六条御息所が交わした次の二つの和歌による。光源氏が野宮に住む御息所を訪れたときのことである。

花やかにさし出でたる夕月夜に、（源氏の）うち振舞ひ給へる様・匂ひ、似る物もなく、めでたし。（無沙汰の）月ごろのつもりを、（御息所に）つきづきしう聞え給はんも、（源氏は）まばゆき程になりにければ、榊を、いさか折りて、持給へけるを、（御簾の内に）さしいれて、

源氏「（榊葉の）かはらぬ色をしるべにてこそ「斎垣も越え」侍りにけれ。（この扱ひは）さも心憂く」

と、聞え給へば、

御息所　神垣はしるしの杉もなき物をいかにまがへて折れる榊ぞ

と、聞え給へば、

源氏　をとめ子があたりと思へば榊葉の香をなつかしみとめてこそ折れ

神の垣根には標(しるし)となる杉のないところなのに、どうして間違って榊を折るのだろうと言うのが前の歌である。乙女子が近くと思えば榊葉の香りが懐かしく思われたのでと折ったと源氏が返したのである。この源氏の歌に榊葉の香りが詠まれているが、榊には香りがないので、樒ではなかったかと言う説がある。

しかしながら、現に源氏は御息所が住まっている野宮の境内の榊の枝を折ったと、地の文に記されており、その枝を手に持っている。地の文と挿入歌との食い違いがうまれている場面である。

『枕草子』の「花の木ならぬは」の段に、楓、桂、五葉、真弓、宿木(やどりぎ)について榊が記されている。

榊、臨時の祭の御神楽(みかぐら)のをりなど、いとおかし。世に木どもこそあれ、神の御前(おまえ)のものと生ひはじめけむも、とりわきてをかし。

このように『枕草子』は、神との関わりの深い樹木であることを記している。臨時の祭は、賀茂社と石清水八幡宮の二つの宮で行われたが、二社とも舞人は榊をかざして舞うのが仕来りであった。それが奥ゆかしいと言うのである。天皇の勅使が内裏(だいり)に帰りついてから、清涼殿の東庭で神楽がある。

神の御前については、『古今和歌集』巻二〇の「神遊びのうた」の『とものうた』に「神垣の御室の山の榊葉は神の御前に茂りあひにけり（歌番一〇七四）」と言う歌があり、それからきていると考えられる。「神遊びのうた」とは、神前に奏する歌舞にもちいる歌のことである。『とものうた』とは、舞人が手に取り持つ物についての歌のことである。『古今和歌集』には、続いて「霜やたびおけどかれせぬ榊葉のたち栄ゆべき神のきねかも（歌番一〇七五）」が収められている。霜が八度と言う程の何度も、降りてきても枯れない榊葉の栄えるべき神のきねであろうかと、常盤の緑を称えているのである。

京都・大津の祭礼と榊

京都三大祭りの一つ八坂神社の祇園祭では、巡行する山鉾には、降臨される神の目印あるいは依代として、長刀鉾(なぎなたほこ)、月鉾(つきほこ)、菊水鉾、函谷鉾(かんこほこ)など、数おおくの鉾の目立つ場所に榊が取り付けられている。鉾に榊を取り付けるのは組み立てのときで、函谷鉾では榊に紙垂をとりつけてから塩をまいて清める。

祇園祭神幸祭では、豊園御真榊建(ほうえんおんまさかきたて)と言う行事が毎年七月一六日におこわれる。豊園御真榊建は、祇園祭神幸祭で中御座神輿(なかござみこし)を先導し、巡行ルートを清める真榊を山鉾にみたてて、白い御幣を取り付ける。

中御座神輿は八坂神社の主祭神の素戔嗚尊(すさのおのみこと)の神霊を乗せ、六角形の屋根の上に鳳凰(ほうおう)がかざられ、男神をあらわす紫色の袈裟(けさ)懸けがかけられる。

ちなみに素戔嗚尊の妻の櫛稲田姫命(くしいなだひめのみこと)は東御座神輿に、八人の子どもの八柱御子神(やはしらみこがみ)は西御座神輿にのる。御座神輿を先導して清める御真榊は、もともとは東、中、西の三つの御輿を先導していたが途中でとだえ、平成四（一九九二）年から中御座神輿だけを先導するようになっている。

滋賀県大津市の日吉(ひえ)大社の山王祭では、山から切り出した大榊に神霊を依らせ、西本宮東方まで奉曳(ほうえい)して奉安する。本祭は四月一二日～一五日であるが、その前の三月一七日、三〇日、四月三日に大榊を中心とした神事がおこなわれる。

日吉大社公式ホームページ「日々よし」によると、三月一七日の直木(なおき)神事と真榊(まさかき)神事がおこなわれているので、要約しながら紹介する。一七日朝、大津市苗鹿(のうか)の榊山から大榊を伐りだす「直木神事」がある。「伐る」は神事にふさわしくない忌み言葉なので、「木を直す」と言いかえ、直木神事となっている。

大榊をお祓いし、直木はじめは山王祭実行委員長がおこない、二人でようやく担げるほどの大きさの榊が直され、根元を神職が手斧できれいに整える。そのあと紅白の布でくるみ、夜の祭場となる那波加荒魂神社に奉安して、直木神事はおわる。

夕方の六時三〇分から真榊神事となり、奉安されていた大榊を広芝の松（坂本町内で西教寺の近く）まで、奉曳する。衣装を着けた稚児も奉曳に奉仕する。奉曳とは、ようするに大榊を担がないで曳きずることである。神輿の担ぎ手の人たちが松明で、大榊、行列のまわりを固め、沿道の人は割木を燃やし明かりを灯してくれる。

大津市日吉大社の山王祭。山中から切り出した大榊を奉納する図。
（出典：『東海道名所図会　巻一』（近畿大学中央図書館蔵）

神事開始からおよそ一時間、広芝の地に到着、神様が宿られたと言う二股の松に奉安し、参列者一同大榊に拝礼し、神事はおわる。三〇日の夜、この大榊に祭神の大己貴神が降りてきて宿られる。夕方七時から神の宿られた大榊が日吉大社西本宮まで渡御される神幸祭（「おいで神事」と呼ばれる）がおこなわれる。

おいで神事は、三月三〇日の午後七時からはじまる。二股の松の木に立てかけられ大榊の前で神職が祝詞を奏上した後、「大榊回せッ」の声で駕輿丁たちが大榊を担ぎあげ、松のまわりを一周する。「大榊出御！」の声で大己貴神の宿られた大榊の渡御がはじまる。

駕輿丁たちが大榊をひきずりながら進み、松明が道を照らす。カサカサ……と大榊が引きずられ音は、神の歩かれる音を聞いているようだと、人びとは言う。西本宮に到着し、「榊置石」に大榊を置き、神事はおわる。四月三日には西本宮から大津駅近くの天孫神社までの渡御がある。

平凡社編・発行の『世界大百科事典』の「サカキ」の項は、榊を布団にしいて寝ると吉夢を見ると言い、また夜道を通るとき榊を持って神の子と唱えれば、狐や狸などの魔物除けになると記している。

静岡・神奈川・東京の祭礼と榊

静岡県牧之原市菅ケ谷地区の一幡神社には、御榊神事と言う神事がある。牧之原市教育文化部社会教育課が作成した「定例記者懇談会資料No.4　一幡神社の御榊神事」（平成二九年一月二七日）から紹介する。神事は年により式典日が前後することがあり、原則的には二月上旬の三日間である。

菅ケ谷地区の神事は、「二十八苗」と呼ばれる二八軒の家が祭の主催者となる。二十八名は代々決まっており、二八年に一回「本名」と言う役目がまわってくる。本名の役目は、御神体である「御榊様」を一年間お祀りすることである。前の年の本名から「御本飯」と言う餅を受け取った本名は、それを小さく細目に切って榊の葉の上にならべ、竹のすのこにつつんで、榊の枝に吊るした御榊様を作る。そして一幡神社境内（昔は本名の自宅）にある栗の木と藁作りの小屋に安置し、祭までの一年間慎んだ生活をおくる。こうすることで御神体に宿る霊力が増幅され、豊作をもたらすと考えられている。

祭の一日目は本名で御神酒作り、二日目は御本飯や牛の舌餅などの神饌の準備をする。三日目には神饌や諸道具、御榊様をもった行列が一幡神社へと向かい、御榊様をひらいて氏子や参拝者に中身を配る。本名の役目はこれでおわり、神饌や諸道具を次の年の本名にひきつぎ、本名は新しい御榊様を作る。

横浜市磯子区西町の根岸八幡神社の八月一五日におこなわれる例祭には、中区根岸町の「根岸の榊神輿」の出御が三年に一度おこなわれる。榊神輿の本体は九尺（約二・七m）四方、高さも九尺の高さに榊を束ね円錐形にもりあげた

関東地方の神社の祭礼の際の特殊な榊の使い方

ものである。榊は静岡から仕入れており、白瀧不動の滝つぼに一晩浸したものを、まず台座に太い枝を立て、そのまわりを四角錘から円錐形になるように大量の榊を組み上げて作る。重さは現在のもので約四〇〇kgになり、制作に一週間かかる。完成すると根岸八幡宮神主により御霊（おみたま）入れがおこなわれ、お披露目となる。

その神輿を派手な女性用長襦袢を着て、顔に白粉（おしろい）をつけ、口紅をひいた若者が担ぎ、地域を練り歩く。町内を練り歩いた後、夕方に提灯をつけて八幡神社の南から海に入り、首の深さまで沖に行く。祭が終わった後の榊は、地区の人びとが奪い合い、それぞれの家に持ち帰って、神聖なものとして大神宮様の神棚に祀った。

東京都昭島市拝島（はいしま）の日吉（ひよし）神社の例大祭は九月の第三土・日曜日におこなわれ、榊の大木を神輿に仕立てるところから榊祭の名がある。榊神輿は六mほどの榊の大木を木枠に埋めこみ、担ぎ棒をわたしたものである。榊の葉一枚一枚に紙垂が結びつけられ、祭神の大山咋命（おおやまくいのみこと）の神霊が降り、宿られている。紙垂のついている榊の小枝は、祭のあともぎ採って持ち帰り、神棚に供えると魔除けになるとされている。

午前一時、榊の先に祭神大山咋命が降臨されている御神筒（みかみつつ）をたてた榊神輿は、担ぎ手に担がれて鳥居をくぐり深夜の町へ繰り出していく。およそ四時間町内を練り歩き、明け方神社に帰還する。

榊神輿がおろされ社前に奉納されると、御神筒に若衆が飛び付き奪い合いになる。御神筒は持ち帰ると幸福が舞いこむと言われている。御神筒が奪われると今度は榊の小枝をもぎとり、あっと言う間に榊神輿は丸裸になってしまう。

朝日新聞社編・発行の『植物の世界』の「サカキ」の項に、愛知県奥三河地方（北設楽郡・旧南設楽郡―現新城市・旧東加茂郡―現豊田市東部）に伝わる花祭りにおける、霊力を持つ榊鬼のことを記している。

> 花祭のクライマックスに登場する榊鬼は、背中に榊の枝をさした赤鬼で、祭の最上位の主客である。榊鬼の踏む反閇（へんばい）は、特殊な足の踏み方をすることで邪気を祓い、正気を招来する呪術で、威力絶大と言われている。この鬼

と、もどき（禰宜（ねぎ））の問答で、もどき（禰宜）がもつ榊に榊鬼が手を触れ、「この榊と申するは、山の神は三千宮（さんぜんぐう）、一本は千本、千本は万本、七枝二十枝までも惜しみきしませ給うこの榊、誰が御許しにてこれまで伐り迎え取ったるぞ」と言うくだりがある。榊のもつ神聖さ、神秘的な霊力を示すやりとりだろう。

榊とともに神に供えられる非榊（ひさかき）

榊の分布は、太平洋側は茨城県以西、日本海側は石川県以西と言う温暖な気候の地であり、東北や中央山岳地帯では榊の生育していない地方がある。榊は神の依代、神にささげる樹木として選ばれたものの一つで、現在のように榊一種ではなく、神事にもちいる数種類の樹木を指していた。オガタマノキ、タブノキ、松、榊、ヒサカキ、ソヨゴなどかそれである。モクレン科のオガタマノキは「招（お）ぎ霊（たま）の木」から、クスノキ科のタブノキは「霊（たま）の木」からついたとの説があるので、神の宿ることができる「サカキ」の一つであったと考えられている。

現在でも榊が生育していない地方では、北陸地方、岡山県北部などではモッコク科ヒサカキ属ヒサカキを「さかき」とよんで、神に供えている。ヒサカキは以前はツバキ科に分類されていたので、そのままツバキ科としている文をよく見かける。

ヒサカキの語源は、寺島良安の『和漢三才図会』は「ヒサカキは倭榊のことか」と言い、牧野富太郎の『新日本植物図鑑』は「葉がサカキより小さいから姫サカキの訛である」としており、大槻文彦の『新訂大言海』は「実が多いから実栄樹（みさかき）の転じたもの」としている。漢字表記は特定したものがないようなので、本書ではわかりやすく非榊と記していく。非榊の方言には、ビシャコ、ビシャ、ヘンダラ、ササキ、シャシャギなど多い。

目立たない樹木であるが非常に数がおおく、照葉樹林ではどこの森でも生えている。低木層になって生育しているが、直射日光にも強く、伐採時などにもよく残る。また栽培されていることも多い。榊よりも寒さに耐えるので、わが国では青森県を除く東北地方から西の四国、九州、沖縄など各地、朝鮮半島南部に分布している。樹木の生育がまばらな疎林や林縁にふつうに見られる。近畿や中国地方では、かつての松山にはふつうに生えていた。筆者の生家のある岡山県北部の丘陵地でも見られ、筆者もシャシャギをよく採りに行かされた。

常緑の小高木で、高さは四mくらい、時に八mになることもある。早春に径五㎜ほどの小さな淡黄色の花を小枝に密につける。果実は小枝にびっしりとつき、秋に黒く熟す。小鳥たちの好物である。葉は長さ二～七㎝ほどでやや小さく、楕円形で葉先は三角状である。葉には細かい鋸歯（きょし）が全面につき、厚く革質で、葉の表面には艶がある。

非榊は神棚に供えられるほか、神事に榊の代用として良くつかわれる。関東地方南部より北では榊が生育できないため、神事や祭礼のときには玉串としてもちいられる。非榊がどうして榊の代用とされるのかと言うと、香りのない常緑の広葉樹で、葉っぱも榊とよく似て小さいと言う違いがあるが、葉っぱの付き方が二つの種類共ほぼ一つの平面にと言う性質があるからだ。

非榊は仏事にもつかわれ、墓や仏壇に仏さん柴と言ってお供えされる。筆者の住む大阪府枚方市や、奈良県北西部の生駒市や生駒郡などでは、菊や季節の花などを一つに束ねた仏花の裏あてには、ほとんど非榊がつかわれている。

寒い地域で神に供えられる冬青（そよご）

榊が自生しない地域で神に供えられる樹木にモチノキ科モチノキ属の、常緑広葉樹の冬青がある。冬青は本州中部以西、四国、九州、台湾、中国に分布する。本州の北限は、新潟県と宮城県で、山地に良く見られる。富士山周辺や長野県の標高六～八〇〇mの、他の常緑樹が生育できないようなところまで分布している。常緑樹の中では寒さにつよい樹木である。岐阜県飛騨地方や中国山地の山陽と山陰をわける県境当たりの高標高地にも見られる。これらの地域のほとんど一つだけの常緑広葉樹なので、冬青は榊の代表として使われている。

冬青の葉には一～二㎝のやや長い葉柄があり、葉は卵状楕円形、やや革質、光沢があって、のっぺりした外見をしている。表面は深緑でなめらか、縁は滑らか波打っていると言う特徴がある。花は五月から六月に咲くが、雌雄異株である。果実は径七㎜くらいで丸く、秋に赤く熟す。モチノキやクロガネモチのように、果実が密生することはない。

冬青の語源は、葉が風にそよぐとき葉がすれあって特徴的な音を出すからだと言われている。また冬青の別名にフクラシがある。これは葉っぱを加熱すると内部で気化した水蒸気が出ることができないため、葉が音を立てて膨らみ破裂するところからきている。焚火などで冬青を燃やしたときの観察からきたものであろう。フクラシは、名前のフクは膨れるのフクであるが、福（ふく）に誤用されて縁起木とされている。

榊が生育しない寒い地方で神事につかわれる常緑樹の冬青。
写真は庭木とされているものである。

筆者は小学生くらいのとき、正月三日の朝伐りはじめと言って親と一緒に山にはいり、松とフクラシを一本ずつ伐り、担いでかえり、苗代の予定田においた。田の神の依代とし、良い稲の苗ができますようにと祈念する正月行事の一つであった。筆者の生家ではフクラシを田の神の依代と考えていたのである。親は何も語ってくれなかったので、その時はどうしてフクラシを伐ってくるのかわからなかった。歳を経てようやくそうだったのかと、合点した次第である。

冬青は落葉広葉樹帯の山地の中で、冬でも青々とした葉をつけているので、漢字表記では生態をそのまま「冬青」と記される。一般の広葉樹が葉を落とす冬でも、冬青は青々とした葉をつけているため、古（いにしえ）の人は何か特別の力を感じて、命名したのであろうと言う人もいる。

冬青が神に供えられている事例を見ていくことにする。信州大学理学部物質循環学科の島野光司准教授のネット記事「信州の自然と神社」は、「松本平周辺の神社では、冬青という樹木が使われることが多い」と記している。そして東筑摩郡麻績(おみ)村の麻績神明宮の本殿の前に紙垂を付けた冬青が供えられた写真を添えている。

長野県伊那谷在住で自家をリフォームされる方〝イナカゲンキ〟の「信州伊那谷の榊採り（冬青）」と題されたブログで、施工者は上伊那郡飯島町飯島の柏屋材木有限会社から伊那谷の冬青と神との関わりを紹介させていただく。

信州伊那谷には榊がないので、昔から冬青を「サカキ」とよんできた。材木屋さんは工事前のお祓い用に、施主の田の土手から冬青の枝を採取してきた。神主さんはそれで、玉串とお祓いのシャッシャってのを作った。無事に式が終わったあと、神主さんが、「とても良い冬青ですね。少し分けて下さいませんか」と、「どうぞ、どうぞ」と二つ返事であった。

長野日報社は平成二八年五月二七日付けで「諏訪大社神事に使われる冬青　上社に二〇〇本植樹」との見出しで報道している。それによれば、諏訪大社の上社関係の牛山純緒大総代会議長など約三〇名が、北島和孝宮司ら神職とともに、玉串などとして神事に使われる冬青の苗木を、前宮（茅野市）に一八〇本、本宮（諏訪市）に二〇本、それぞれ境内に植樹したと言うのである。

また投稿者が「アサヒ、マゴメ、ショク、ショク」とだけが判るブログ「12 行事と植物」に長野県木曽谷での正月の松飾に、冬青がつかわれることが記されているので紹介する。山口村とあるので、現在は岐阜県中津川市となっている旧木曽郡山口村のことであろう。同村では正月の松飾りとして、松といっしょに冬青の赤実のついたものを選び、山から迎えてきて飾る。松だけで飾る家と、冬青を添えて飾る家の割合は山口村では六対四ぐらいである。かどばやしで、松の代わりに冬青をつかう。また、地ならし、建前などの神事のとき、榊の代わりに冬青に紙垂をつけて、お祓い用につかう。

岐阜県飛騨地方も榊が自生していないので、冬青を玉串に利用している。

あとがき

筆者は朝ご飯を済ませたあと、散歩にでかけている。散歩時間は五五分前後で、時には五七、八分となるけれど、五五分を短縮することはできずにいる。筆者の住むところは住宅地と工場が混在している地域で、筆者の散歩時間と工場務めの人の通勤時間が重なっており、毎朝ほぼ同じ徒歩通勤者と出会うのだが、筆者に挨拶をしてくれる人はまったくいない。

ふと散歩のついでに路上観察をしてはどうだろうかと思いついて、歩道のアスファルトのすき間に生えているスミレの住家を数えることにした。立ち止まって一本ずつ本数を数えるのはすこし無理なので、歩きながら確認できるスミレの生育地を一カ所とし、その生育地からおよそ五、六m離れていれば別の生育地として数えることにした。一本だけのところ、百本近くが集団で生えているところなど、いろいろな生育地があった。

筆者の散歩距離はおよそ三・五kmくらいと見当をつけているが、その間にスミレの生育地三六カ所が数えられた。だいたい一〇〇mに一カ所ある割合となる。歩道で公有地なので雑草として除去されることはないが、歩道に接して花などを植えてあるところでは花の雑草抜きの時だろう、根元からスミレがむしられていることがあった。スミレは多肉根なので、地上部をむしられてもいつの間にか再生している。スミレの繁殖には蟻が関係していると言われるが、どうやって種子が運ばれるのか見たいものだと思っている。

それはさておき、香りの樹木を書き始めてから、散歩のときちらっと観察できる庭先の樹木に気をつけるようになった。良い香りのある木は主として花や果実であった。花には、金木犀（きんもくせい）、銀木犀、沈丁花（白花のもの、赤花のもの）、蝋梅（ろうばい）、梔子（くちなし）、柊（ひいらぎ）、薔薇（ばら）、忍冬（すいかずら）などがみられた。金木犀も植えている人によって仕立て方に違いがあり、刈りこんで球形に成形している人、垣根に作り直線仕立てにしている人、敷地に余裕のある人は自然の生育にまかせて、こんもりとした小さな森を作っているところもあった。

筆者の近所の人たちは、樹木を植えられるほどの広さの庭があれば、何か一つくらいは良い香りを発散する木を植えているように観察できた。

本書は香りのある樹木と日本人はどのように関わってきたのかについて、生活面から覗いて見たものである。住居用の建築材料となる樹種は数多いが、その香りが好まれた樹木は桧であった。杉材も松材も住居建築用材として立派に役目を果たしているが、その香りがとりわけ好まれると言う性質を持っていなかったので、本書では除外した。住居用資材による住み心地の比較は、猫による実験によると、桧材、杉材、コンクリート、金属の順序となり、桧よりも杉の方が住み心地が良いとされている。

日本酒の酒の香りは杉に限るとするのは、ある年配以上の人になっており、近年では日本酒醸造は杉樽からステンレス製や琺瑯（ほうろう）引きのものが使われ、樽から木香が滲み出なくなった。杉材から滲み出す香りの日本酒は、しだいに飲まれなくなっていきそうである。

その反面ウイスキーは、北海道産の水楢材の樽に長年月にわたって貯蔵しているうちに、得も言われない芳醇な香りの原酒を生み出すことがわかり、昨今、世界中で高評価を得ているジャパニーズ・ウィスキーの秘密を探ろうと世界のウイスキー造りの人たちが北海道産水楢を樽材として求めはじめている。

香りのある樹木と食との関わりは、良い香りのする柿の葉、柏の葉、朴の木の葉、油桐の葉、サルトリイバラの葉で、すし飯や餅をつつんだものがある。それぞれの樹木の生育地が限定されるので、それぞれの寿司や餅も地域限定の名産品となっている。良い香りの葉で食品をつつむことは、食品への香りづけとともに、葉っぱが発散する殺菌物質による食品の鮮度を保つことにあった。長年の経験則が生み出した名産品である。しかし、商品となって市場に出回るようになったことにより、味が統一されるなど、変化が見られる。

柏餅に本物の柏の葉っぱをつかうところは、柏の生育地である関東地方が主であり、それだから柏餅の名称も関東地方で生まれた。柏餅は関東ではじまり、しだいに地方へと伝播していったことが、その名称の変化でわかる。中国地方では柏餅と言う名称はそのままだが、つつむ葉っぱは、サルトリイバラの葉が主流で、サルトリイバラのないときはアベマキの葉、槲の葉でつつんだりする。

四国でもつつむ葉っぱはサルトリイバラが主流であるが、柏餅と呼ぶところは徳島県と愛媛県で、高知県と香川県は「しば餅」と別の名称に変わる。徳島県ではほかに肉桂の葉や樫の葉でもつつむと言う。九州にわたると、サルトリイバラの葉で包み柏餅と呼ぶところは大分県だけとなり、おなじようにサルトリイバラの葉でつつんでも福岡県では「がめん葉まんじゅう」と言い、宮崎県では「かしわだご」と言い、鹿児島県では「かからんだご」と言うなど、それぞれの地方の特徴が活かされている。

良い香りを持つ黒文字は、楊枝や箸の材料として重宝され、明治期には若枝や葉から香りが蒸留され、石鹸類の香料にされるとともに、外国に輸出されていた。それよりほかに、意外な利用法があった。本文でもふれた『吉野林業全書』をめくっていたとき、吉野スギ材は吉野川を筏（いかだ）で流送されていたが、その筏を組むときの材料として「くろもじ、杉、藤蔓」の三種が輪にまかれている写真があった。黒文字の若枝はしなやかなので、筏を組む材料とされたのであろう。昔、炭焼をしていた時代に、炭窯から木炭を俵に詰め、両側をしなやかな柴類を丸めて蓋にしており、黒文字もその材料の一つとされていたことは知っていたが、筏にもちいられていたことははじめて知った。

最後に山椒についてふれると、筆者の生家のある岡山県美作台地の集落ではどの家も山椒の木は一本植えていた。生家では畑の片隅にあり、高さは二mは越えていたように記憶している。川魚を焼いたものにかける香辛料として山椒醤油はピカ一であった。もちろん熟れた山椒の実を採ってきてすり鉢ですり潰し、そこに醤油を入れてさらにすり、山椒醤油に仕上げる仕事は筆者たち子供の仕事とされていた。

良い香りを持つ樹木の話をまとめることができたが、家の庭に日本三大香木と言われるような香り高い樹木や、それほどではないが良い香りを漂わす樹木類を植え、花を、香りを楽しむと言う生活面にはふれることができなかった。

本書をまとめるに当たっては、おおくの先生方の研究成果に負うところが多いし、インターネットのブログの記事も随分参考になった。この場を借りて厚く御礼申し上げます。

また本書を出版していただく雄山閣のご配慮、編集に大変お世話になった安齋利晃さん、資料収集でお世話になった近畿大学中央図書館の閲覧課の皆さんに、心からお礼申し上げます。

平成三〇年五月

有岡利幸

参考文献

第一章の一

■佐道健『木のメカニズム』養賢堂　一九九五年
■山本一力『梅咲きぬ』文春文庫　二〇〇七年
■小川三男『宮大工と歩く奈良の古寺』文春新書　二〇一〇年
■坂本太郎・家永三郎・井上光貞・大野晋校注『日本書紀』岩波文庫一九九四年
■農商務省山林局編『木材の工芸的利用』復刻林業科学振興所
■島地謙・伊東隆夫編『日本の遺跡出土製品総覧』雄山閣出版　一九八八年
■中西正幸『神宮式年遷宮の歴史と祭儀』国書刊行会　二〇〇七年
■平田利夫『木曽路の国有林』林野弘済会長野支部　一九六七年
■木村政生「神宮式年遷宮」
（雑誌『グリーン・パワー　二〇〇八年八月号』森林文化協会）
■有岡利幸『檜』ものと人間の文化史一五三　法政大学出版局　二〇一一年
■農林省編『日本林制史資料　江戸幕府法令』内閣印刷局朝陽会　一九三〇年
■帝室林野局編『ひのき分布考』林野弘済会　一九三七年
■三橋四郎『和洋改良大建築学　上巻』大倉書店　一九〇四年
■東京都江戸東京博物館編・発行『江戸東京たてもの博物館』一九九五年

第一章の二

■秋田修「清酒の木香様臭」農林水産省林業試験場編
『木材工業ハンドブック』丸善　一九七三年
■森庄一郎著・発行『挿画　吉野林業全書』一八九八年
■有岡利幸『杉　I・II』ものと人間の文化史一四九—I・II
法政大学出版局　二〇一〇年
■喜田川守貞『守貞謾稿　後集巻之一（食類）』宇佐美英機校訂『近世風俗志（五）』
岩波文庫　二〇〇二年
■酒類総合研究所編・発行『酒類総合研究所情報誌　第五号』二〇〇四年
■早川雅巳「オークと樽の関係」雑誌
『日本醸造協会誌　第一〇四巻第九号』日本醸造協会　二〇〇九年
■独立行政法人北海道立総合研究機構森林研究部林業試験場
道産木材データーベース

第二章の一

■「日本の食生活全集　奈良」編集委員会編
『聞き書　奈良の食事』農山漁村文化協会　一九九二年
■「日本の食生活全集　和歌山」編集委員会編
『聞き書　和歌山の食事』農山漁村文化協会　一九八九年
■「日本の食生活全集　石川」編集委員会編
『聞き書　石川の食事』農山漁村文化協会　一九八八年
■岩水豊編・著『オオアブラギリ栽培ガイドブック』
フォレスト・リサーチ研究所　二〇一七年
■柳澤一男『描かれた黄泉の世界　王塚古墳』新和泉社　二〇〇四年
■「日本の食生活全集　岐阜」編集委員会編
『聞き書　岐阜の食事』農山漁村文化協会　一九九〇年
■「日本の食生活全集　長野」編集委員会編
『聞き書　長野の食事』農山漁村文化協会　一九八六年
■日比野光敏『すしの事典』東京堂出版　二〇〇一年
■福田美津江「朴葉寿司と美味」
『美味研究会誌　七巻八号』美味研究会　二〇〇八年

第二章の二

■櫻井秀・足立勇共著『日本食物史』雄山閣出版　一九七三年
■四辻善成著・本居豊頴・木村正辭・井上頼圀校注『海河抄』
　源氏物語古注釈大成第六巻　日本図書センター　一九七八年
■ネット記事　特定非営利活動法人自然科学研究所「木曽路の伝統食『朴葉巻き』」
■湯川浩史『植物と行事　その由来を推理する』朝日選書四七八　一九九二年
■鈴木晋一訳『古今名物御前菓子秘伝抄』教育社新書　一九八八年
■山崎光成『世事百談』日本随筆大成編輯部編
　『日本随筆大成新装版第一期一八　世事百談』吉川弘文館　一九九四年
■ネット記事「広島の植物ノート　特集―Ⅳ　かしわ餅のまとめ」
■文部科学省科学技術庁資源調査会編・発行
　『日本食品標準成分表二〇一〇年』二〇一〇年
■「日本の食生活全集　茨城」編集委員会編『
　聞き書　茨城の食事』農山漁村文化協会　一九八五年
※以降、右と同じシリーズからシリーズ名を省略いたします。
『栃木の食事』『群馬の食事』『千葉の食事』『埼玉の食事』『神奈川の食事』
『福井の食事』『山梨の食事』『静岡の食事』『兵庫の食事』『島根の食事』
『岡山の食事』『徳島の食事』『香川の食事』『愛媛の食事』『高知の食事』
『福岡の食事』『大分の食事』『宮崎の食事』『鹿児島の食事』
■有岡利幸『櫻　Ⅱ』ものと人間の文化史一三七―Ⅱ
　法政大学出版局　二〇〇七年
■鈴野弘子「春を味わう　サクラにちなんだ食べ物」
　文藝春秋特別版第八一巻第四号　二〇〇三年

第三章の二

■石原道博編・訳『新訂　魏志倭人伝　他三編』岩波文庫　一九五一年
■養父市ホームページ「まちの文化財（六八）徳川家康と朝倉山椒」
■廣田智子・田畑広之進・吉田健児・小谷良実・真野隆司
「アサクラサンショウ果実の香気成分と加工適性」
　『兵庫県立農林水産総合センター研究報告（農業編）第六四号』二〇一六年
■ザ・俳句歳時記編纂委員会編『ザ・俳句歳時記』第三書館　二〇〇六年

第四章の一

■為永春水『閑窻瑣談』日本随筆大成編輯部編
　『日本随筆大成　第　期第六巻』吉川弘文館　一九二八年
■藤原長清著、黒川真道・山崎弓束校『夫木和歌抄』国書刊行会　一九〇六年
■大槻文彦『新訂　大言海』冨山房　一九五六年
■貝原益軒『大和本草　巻之十二』矢野宗幹校注代表　有明書房　一九八〇年
■新村出編『広辞苑　第四版』岩波書店　九九一年
■牧野富太郎『牧野新植物図鑑』北隆館　九六一年
■真言宗豊山派千手院ブログ「下町の花のお寺」
■一般財団法人SRS研究所ブログ「枕飾り（一）―樒その一」
■國學院大學ブログ「万葉神事語辞典」
■喜田川守貞『守貞謾稿　巻の二十六（春時）』
　『宇佐美英機校訂『近世風俗志　四』岩波文庫　二〇〇一年
■滝沢馬琴「玄洞放言」日本随筆大成編輯部編
　『日本随筆大成　第　期第三巻』吉川弘文館　一九二七年
■蘆田伊人編・校訂『新編相模国風土記稿』雄山閣　一九九八年
■安藤正平・古口和夫編『箱根の民話と伝説』夢工房　二〇〇一年

■折口信夫「門松の話」宇野千代編
『花の名随筆一　一月の花』作品社　一九九八年
■大津市歴史博物館編・発行『大津の歴史事典』二〇一五年
■東栄町誌編集委員会編『東栄町誌―自然・民俗・通史編』東栄町　二〇〇七年
■佐々木信綱編『新訂・新訓万葉集　下巻』岩波文庫　一九二七年
■山岸徳平校注『源氏物語　四』岩波文庫　一九六六年
■小松茂美『手紙の歴史』岩波新書　一九七六年
■佐々木信綱校訂『新古今和歌集』岩波文庫　一九二九年
■池田亀鑑校訂『枕草子』岩波文庫　一九六二年
■増田繁夫校注『枕草子』和泉書院　一九八七年
■奥井真司『毒草大百科』データハウス　二〇〇三年
■植松黎『毒草を食べてみた』文春新書　二〇〇〇年

第四章の二

■星野輝男「淡路島の線香製造業―伝統工業の一事例」
兵庫地理学会編・発行『兵庫地理』一九八二年
■堺薫物線香商組合編・発行『堺の薫物線香』一九〇二年
■尾鷲市史編集室編『尾鷲市史　下巻』尾鷲市　一九七一年
■三重県史編さん班ブログ・杉谷政樹執筆「
歴史の情報蔵第六八話　杉葉線香の製造機械類」
■八女市ホームページ「八女あれこれ二三『わが師、わが友』その六」
■秋田県のがんばる農山漁村応援サイト・平鹿エリア版

第四章の三

■小学館編・発行『日本国語大辞典　第五巻（第二版）』二〇〇一年
■倉野憲司校注『古事記』岩波文庫　一九六三年
■坂本太郎・家永三郎・井上光貞・大野晋校注
『日本書紀』岩波文庫　一九九四年
■荒木田守武「榊―聖なる木―」伊勢市立伊勢図書館編・発行
『図書館だより』二〇一六年
■名著研究所編『伊勢参宮名所図会　巻の四』名著普及会復刻　一九七五年
■佐伯梅友校注『古今和歌集』岩波文庫　一九八一年
■平凡社編・発行『世界大百科事典』
■牧之原市教育文化部社会教育課「
定例記者懇談会資料No.四　一幡神社の御榊神事」二〇一七年
■朝日新聞社編・発行『植物の世界』
■イナカゲンキのブログ「信州伊那谷の榊採り『ソヨゴ』」

著者紹介

有岡利幸（ありおか　としゆき）

＜著者略歴＞

1937年、岡山県に生まれる。1956年から1993年まで大阪営林局で国有林における森林の育成・経営計画業務などに従事。1973年から2003年3月まで近畿大学総務部総務課勤務、2003年から2009年まで、財団法人水利科学研究所客員研究員。1993年第38回林業技術賞受賞。

＜主要著書＞

『森と人間の生活—箕面山野の歴史』（清文社、1992）、『ケヤキ林の育成法』（大阪営林局森林施業研究会、1992）、『松と日本人』（人文書院、1993、第47回毎日出版文化賞受賞）、『松—日本の心と風景』（人文書院、1994）、『広葉樹林施業』（分担執筆、(財) 全国林業改良普及協会、1994）、『松茸』(1997)、『梅Ⅰ・Ⅱ』(1999)、『梅干』(2001)、『里山Ⅰ・Ⅱ』(2004)、『桜Ⅰ・Ⅱ』(2007)、『秋の七草』『春の七草』(2008)、『杉Ⅰ・Ⅱ』（2010）、『檜』（2011）、『桃』（2012）、『柳』（2013）、『椿』（2014）、『欅』（2016）（以上、法政大学出版局刊）、『資料　日本植物文化誌』（八坂書房、2005）。『つばき油の文化史—暮しに溶け込む椿の姿—』（2014）、『栗の文化史—日本人と栗の寄り添う姿—』（2017）（以上、雄山閣刊）。

2018年9月25日　初版発行　《検印省略》

◇生活文化史選書◇

香りある樹木と日本人—木の香りある日々の暮らし—

著　者　有岡利幸
発行者　宮田哲男
発行所　株式会社 雄山閣
〒102-0071　東京都千代田区富士見2-6-9
TEL　03-3262-3231／FAX　03-3262-6938
URL　http://www.yuzankaku.co.jp
e-mail　info@yuzankaku.co.jp
振　替：00130-5-1685
印刷／製本　株式会社ティーケー出版印刷

ISBN978-4-639-02603-7 C0026
N.D.C.382　240p　21cm

生活文化史選書　有岡利幸著　好評既刊

縄文時代から食され続ける栗。
木材の一つとなり、昔話にも登場する栗。
人と栗が寄り添う姿は、日本の原風景でもあった。

栗の文化史

日本人と栗の寄り添う姿

有岡利幸 著

定価（本体 2,800 円 + 税）
279 頁／ A5 判　ISBN978-4-639-02464-4